Sophia Ziane
Nadia Ziane

Hydrogel Thérapeutique Pour La Régéneration Du Tissu Osseux

Sophia Ziane
Nadia Ziane

Hydrogel Thérapeutique Pour La Régéneration Du Tissu Osseux

Un produit d'ingénierie tissulaire innovant à base de Glycosyl-Nucléoside-Fluoré et de cellules souches humaines.

Presses Académiques Francophones

Impressum / Mentions légales
Bibliografische Information der Deutschen Nationalbibliothek: Die Deutsche Nationalbibliothek verzeichnet diese Publikation in der Deutschen Nationalbibliografie; detaillierte bibliografische Daten sind im Internet über http://dnb.d-nb.de abrufbar.
Alle in diesem Buch genannten Marken und Produktnamen unterliegen warenzeichen-, marken- oder patentrechtlichem Schutz bzw. sind Warenzeichen oder eingetragene Warenzeichen der jeweiligen Inhaber. Die Wiedergabe von Marken, Produktnamen, Gebrauchsnamen, Handelsnamen, Warenbezeichnungen u.s.w. in diesem Werk berechtigt auch ohne besondere Kennzeichnung nicht zu der Annahme, dass solche Namen im Sinne der Warenzeichen- und Markenschutzgesetzgebung als frei zu betrachten wären und daher von jedermann benutzt werden dürften.

Information bibliographique publiée par la Deutsche Nationalbibliothek: La Deutsche Nationalbibliothek inscrit cette publication à la Deutsche Nationalbibliografie; des données bibliographiques détaillées sont disponibles sur internet à l'adresse http://dnb.d-nb.de.
Toutes marques et noms de produits mentionnés dans ce livre demeurent sous la protection des marques, des marques déposées et des brevets, et sont des marques ou des marques déposées de leurs détenteurs respectifs. L'utilisation des marques, noms de produits, noms communs, noms commerciaux, descriptions de produits, etc, même sans qu'ils soient mentionnés de façon particulière dans ce livre ne signifie en aucune façon que ces noms peuvent être utilisés sans restriction à l'égard de la législation pour la protection des marques et des marques déposées et pourraient donc être utilisés par quiconque.

Coverbild / Photo de couverture: www.ingimage.com

Verlag / Editeur:
Presses Académiques Francophones
ist ein Imprint der / est une marque déposée de
AV Akademikerverlag GmbH & Co. KG
Heinrich-Böcking-Str. 6-8, 66121 Saarbrücken, Deutschland / Allemagne
Email: info@presses-academiques.com

Herstellung: siehe letzte Seite /
Impression: voir la dernière page
ISBN: 978-3-8381-7777-9

" L'homme est à inventer chaque jour ".

J.P Sartre, *Situation II.*

REMERCIEMENTS

Je tiens à remercier spécialement :

Ma famille. Particulièrement ma sœur pour son implication personnelle tout au long de cette thèse. Ma mère qui a su me soutenir avec dévouement durant les différentes épreuves que j'ai rencontré. Mon père et mon frère qui m'ont encouragé à aller au bout de mes objectifs. Mon futur époux, pour son accompagnement et son investissement dans ce projet.

Monsieur Charles Sfeir venu des Etats-Unis d'avoir endossé le rôle de président de mon jury de thèse. Messieurs Pierre Weiss et Emmanuel Pauthe d'avoir accepté d'examiner avec attention mon manuscrit ainsi que pour leurs remarques pertinentes. Monsieur Arnaud Scherberich d'avoir traversé la frontière franco-suisse pour participer à mon jury de thèse.

Dr Joëlle Amédée pour m'avoir accueilli dans son laboratoire BIOTIS ainsi que pour ses précieux conseils. Olivier Chassande qui m'a offert l'opportunité d'accomplir cette thèse en toute liberté au cours de ces trois années. Julien et Damien qui ont su me faire rire au quotidien. Claire pour son authenticité et sa sensibilité : je la remercie pour son écoute. Reine et Chantal, les deux piliers du laboratoire, qui m'ont aidé par leur solide expérience dans leur domaine respectif mais aussi pour leur bonne humeur. Silke, ce petit bout d'Allemagne original et vrai, qui a su s'impliquer professionnellement et personnellement dans ma vie. L'équipe des dentistes : Sylvain, Jean-Christophe et Noélie pour leur aide et le temps qu'ils m'ont accordé. Raphaël, qui est l'auteur d'un tournant décisif dans mon avenir et qui sans lui n'aurait jamais pu voir le jour. Virginie, pour sa gentillesse et son soutien en plus des nombreux fous-rires. L'équipe du troisième étage dont Fabien et Bertrand pour leur singularité qui m'a toujours étonnée. Murielle et Richard, pour leur patience et leur transmission de savoirs-faires. Sans oublier, Annie, Sophie, Betty, Patrick et tous mes autres collègues qui ont partagé cette aventure.

Mes collaborateurs du premier étage et en particulier Philippe Barthélémy et Laurent Latxague sans qui ce projet n'aurait pas eu lieu : merci au GNF !

Mes chères amies : Asma, Emilie B, Emilie C, et Audrey alias Flora pour leur fidèle accompagnement et pour tous les bons moments passés ensemble.

Pour tous ceux qui ont participé de près ou de loin à ce projet et pour tous ceux que j'ai éventuellement pu oublier : un grand merci.

RÉSUMÉ

Le tissu osseux est caractérisé par sa matrice minéralisée qui est soumise à des activités de formation et de résorption assurant son renouvellement et son remaniement tout au long de la vie. En cas de lésions, l'os est capable de se réparer naturellement de façon à rétablir son intégrité et ses propriétés physiques. Cependant, certaines pathologies ou interventions chirurgicales peuvent aboutir à des pertes massives de substance osseuse et le processus naturel d'autoréparation est alors insuffisant. En première intention, la greffe osseuse est envisagée (autogreffe et allogreffe), néanmoins, du fait d'une disponibilité réduite et des risques de rejet et de transmission d'agents infectieux, cette technique n'est pas réalisable dans toutes les situations cliniques. Le chirurgien peut alors avoir recours à des biomatériaux ostéoconducteurs mais ceux-ci ne sont utilisables que dans le cas de comblement de défauts de petite taille car ils sont simplement un support passif à la néoformation osseuse. Ces limites pourraient être dépassées grâce au concept d'ingénierie tissulaire, en concevant des biomatériaux innovants ayant un fort pouvoir ostéogène conféré notamment par des facteurs de croissance ou des cellules ostéoprogénitrices.

Dans notre travail, nous avons cherché à mettre au point un nouveau produit d'ingénierie tissulaire permettant la réparation de défauts osseux. La stratégie envisagée repose sur l'association d'un support tridimensionnel et de cellules souches adultes dérivées du tissu adipeux humain (ASC). L'originalité du système provient de la matrice tridimensionnelle, qui est un hydrogel thermosensible composé de monomère synthétique Glycosyl-Nucléoside-Fluoré (GNF) de faible poids moléculaire. Dans le domaine de la régénération osseuse, les hydrogels cellularisés sont généralement utilisés comme matrice associée à des molécules ostéogéniques (BMP2, β-Glycérophosphate) ou à des ions (Calcium : Ca^{2+}, Phosphate : PO_4^{2-}) pour permettre la différenciation ostéoblastique des cellules encapsulées dans le gel. Cependant, dans notre travail, nous n'avons pas fait appel à ces facteurs ostéogéniques.

Notre étude a révélé que l'hydrogel de GNF possède les critères essentiels pour être utilisé en clinique : la non-toxicité, la biocompatibilité, la biodégradabilité, l'injectabilité et la biointégration. Des injections de complexe gel/ASC réalisées en site ectopique chez l'animal ont démontré que le gel se forme *in situ* en moins de 20 minutes et que les cellules encapsulées ont survécu pendant plusieurs mois. *In situ*, les ASC se sont différenciées en ostéoblastes matures, exprimant la phosphatase alcaline et l'ostéocalcine et synthétisant une matrice extracellulaire riche en phosphate de calcium.

Ces travaux ont donc permis de développer un produit d'ingénierie tissulaire innovant, associant un support tridimensionnel, l'hydrogel de GNF, à une composante cellulaire, les ASC. Cette matrice cellularisée apparaît prometteuse comme système injectable pour des applications cliniques de régénération osseuse.

Mots-clefs : hydrogel thermosensible, Glycosyl-Nucléoside-Fluoré, injectable, cellules souches adultes dérivées du tissu adipeux humain, ingénierie tissulaire osseuse.

SUMMARY

Bone tissue is characterized by its mineralized matrix which is subject to formation and resorption activities ensuring its renewal and remodeling throughout the life. In case of damage, the bone can repair itself naturally to restore its integrity and its physical properties. Nevertheless, some pathologies or surgical procedures can lead to massive loss of bone and the natural process of self-repair is insufficient. First line, the bone graft is considered (autograft and allograft), however, due to reduced availability and risks of rejection and transmission of infectious agents, this technique is not feasible in all clinical situations. The surgeon can then make use of osteoconductive biomaterials but these are only usable in the case of filling of small defects because they are simply passive scaffold for bone formation. These limits may be exceeded through the concept of tissue engineering, designing innovative biomaterials with high osteogenic power conferred by particular growth factors or osteoprogenitor cells.

In our work we seek to develop a new product of tissue engineering to repair bone defects. The proposed strategy is based on the combination of a three-dimensional scaffold and adult stem cells derived from human adipose tissue (ASC). The originality of this system comes from the three-dimensional matrix, which is a thermosensitive hydrogel composed of synthetic monomeric Glycosyl-Nucleoside-Fluorinated (GNF) low molecular weight. In the field of bone regeneration, hydrogels are generally used as cellularized matrix molecules associated with osteogenic (BMP2, β-Glycerophosphate) or ions (Calcium : Ca^{2+}, Phosphate : PO_4^{2-}) to allow osteoblast differentiation of cells encapsulated in the gel. However, in our work, we have not used these osteogenic factors.

Our study revealed that the hydrogel of GNF has the essential criteria to be used in clinical practice : non-toxicity, biocompatibility, biodegradability, injectability and biointegration. Injections of gel/ASC complex performed in animal ectopic site have showed that the gel is formed *in situ* within 20 minutes and encapsulated cells survived and proliferated for several months. *In situ*, ASC were differentiated into mature osteoblasts expressing alkaline phosphatase and osteocalcin and synthesizing an extracellular matrix rich in calcium phosphate.

So, this work has allowed the development of an innovative product for tissue engineering, combining a three-dimensional scaffold, the GNF based hydrogel, a cellular component, the ASC. This cellularized matrix appears promising as injection system for clinical applications of bone regeneration.

Keywords : thermo-sensitive hydrogel, injectable, Glycosyl-Nucleoside-Fluorinated, human adipose tissue derived adult stem cells, bone tissue engineering

SOMMAIRE

ABRÉVIATIONS

3D : 3 Dimensions

ASC : Adipose-derived Stem Cells

ALP : ALkaline Phosphatase

β **TCP** : Béta-Phosphate Tricalcique

BMP : Bone Morphogenetic Protein

BMSC : Bone Marrow Stem Cells

CFU-F : Colony Forming Unit-Fibroblast

CSA : Cellule Souche Adulte

CSE : Cellule Souche Embryonnaire

CSF : Cellule Souche Fœtale

CSM : Cellule Souche Mésenchymateuse

FGF : Fibroblastic Growth Factor

GNF : Glycosyl-Nucléoside-Fluoré

GNL : Glycosyl-Nucléoside-Lipide

HA : HydroxyApatite

HIF-1 : Hypoxia Inducible Factor 1

iPS : induced Pluripotent Stem cell

IT : Ingénierie Tissulaire

ITO : Ingénierie Tissulaire Osseuse

MAA : MéthAcrylique Acide

MEB : Microscopie Electronique à Balayage

MEBe : Microscopie Electronique à Balayage en mode environnemental

MEC : Matrice ExtraCellulaire

MMA : Méthyle MéthAcrylate

MO : Moelle Osseuse

PAA : Poly (Acide Acrylique)

PEG : Poly (EthylèneGlycol)

PEO : Poly (Ethylène Oxide)

PHEMA : Poly (HydroxyEthyl MéthAcrylate)

PLA : Poly (Lactic Acid)

PNVP : Poly (N-Vinyle Pyrrolidone)

PTFE : Poly (TétraFluoroEthylène)

PVA : Poly (Vinyle Alcool)

TA : Tissu Adipeux

TCP : Tri-Calcique Phosphate

TO : Tissu Osseux

VEGF : Vascular Endothelial Growth Factor

TABLE DES FIGURES

TABLE DES TABLEAUX

AVANT PROPOS

Ces travaux de recherche ont été réalisés au sein de l'Unité mixte U1026, "Bioingé-nierie Tissulaire" (BIOTIS) dont l'objectif scientifique fondamental est de contribuer au développement de nouvelles stratégies thérapeutiques utilisées pour la réparation ou le remplacement de l'os et des vaisseaux, en complément ou en substitution des phénomènes de réparation naturelle, de la greffe de tissus ou d'organes. En effet, dans certaines conditions cliniques, l'implantation de biomatériaux ne permet pas de régénérer un tissu présentant toutes les propriétés biologiques et mécaniques, requises pour assurer sa fonction. Pour résoudre ces insuffisances, ces nouvelles stra-tégies reposant sur le concept d'ingénierie tissulaire proposent d'associer dans un même système : une composante synthétique ou artificielle, une composante cellu-laire ou tissulaire, et des facteurs biochimiques et mécaniques.

Dans le laboratoire BIOTIS, nous tentons de concevoir de nouveaux produits d'in-génierie tissulaire afin d'améliorer la réparation ou le remplacement d'os ou de vais-seaux. Pour cela, nous envisageons l'implantation de cellules souches ou progénitrices dans une matrice tridimensionnelle substituant ainsi les allogreffes et les hétéro-greffes. Le biomatériau et/ou la matrice tridimensionnelle doit offrir à la cellule un microenvironnement favorisant la survie, la prolifération et la différenciation des cel-lules souches. Par conséquent, le choix du biomatériau est essentiel. Ce dernier doit présenter les meilleures propriétés intrinsèques possibles afin d'éviter toute modifi-cation physicochimique ou biologique pouvant être incompatible avec le vivant.

Actuellement, la performance de la majorité des matériaux de substitution et/ou de comblement osseux utilisés (alliages métalliques, céramiques de phosphate de calcium ou polymères) est insuffisante : imparfaite adaptation aux contraintes en-vironnementales imposées par les tissus voisins, faible capacité de colonisation et défaut de vascularisation.

Le but de ce projet de thèse a été de mettre au point un produit d'ingénierie osseuse innovant, associant une nouvelle classe d'hydrogel thermosensible à base de monomères de Glycosyle-Nucléoside-Fluoré (GNF) à des cellules souches mésenchymateuses adultes dérivées du tissu adipeux.

La première partie de ce travail de thèse a nécessité une identification des propriétés physicochimiques et biologiques de cet hydrogel avant de pouvoir l'utiliser comme support pour la culture et l'implantation de cellules souches mésenchymateuses.

Après avoir validé le rôle de l'hydrogel de GNF en tant que vecteur de cellules, le complexe gel/cellules a été analysé *in vitro* et *in vivo* en site ectopique chez la souris afin de connaître l'éventuel potentiel de l'hydrogel de GNF sur le devenir des cellules souches mésenchymateuses. Des tests de minéralisation et de caractérisation de différenciation ostéoblastique ont été réalisés *in vitro* et *ex vivo* pour confirmer l'utilisation du gel de GNF comme support pour l'ingénierie osseuse.

CHAPITRE 1

REVUE BIBLIOGRAPHIQUE

1.1 L'ingénierie tissulaire et ses différents partenaires

Depuis de nombreuses années, la régénération de tissus et d'organes défectueux du corps humain a conduit au développement de greffes d'organes et à l'ingénierie tissulaire (IT). A partir de 1980, la recherche en ingénierie tissulaire s'est très rapidement étendue afin de résoudre de nombreux problèmes liés au remplacement d'organes défaillants et à l'insuffisance des biomatériaux. Les défauts de performance des biomatériaux sont dus à leur adaptation incomplète à l'environnement, leur faible capacité de colonisation et surtout leur manque de vascularisation après implantation.

Un certain nombre de tissus et d'organes peuvent se régénérer naturellement à la suite d'une lésion (ex : l'épiderme, les os). Cependant, la majorité des tissus ne sont pas capables d'auto-régénération et ont besoin de l'ingénierie tissulaire pour leur régénération partielle ou complète. En raison d'un réel besoin d'organes, cette discipline est en pleine émergence. En effet, le différentiel entre le nombre de "demandeurs" d'organes et d'organes disponibles n'a cessé d'augmenter au cours des dernières années (figure 1.1). En 2011, il a été réalisé 4945 greffes en France pour 16 000 personnes en attente de don d'organe.

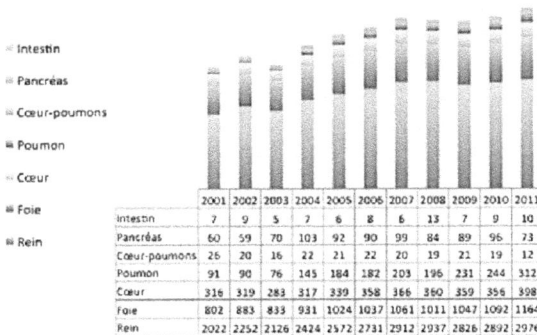

	2001	2002	2003	2004	2005	2006	2007	2008	2009	2010	2011
Intestin	7	9	5	7	6	8	6	13	7	9	10
Pancréas	60	59	70	103	92	90	99	84	89	96	73
Cœur-poumons	26	20	16	22	21	22	20	19	21	19	12
Poumon	91	90	76	145	184	182	203	196	231	244	312
Cœur	316	319	283	317	339	358	366	360	359	356	398
Foie	802	883	833	931	1024	1037	1061	1011	1047	1092	1164
Rein	2022	2252	2126	2424	2572	2731	2912	2937	2826	2892	2976

Figure 1.1 – Evolution des greffes d'organes entre 2001 et 2011 (Agence de la biomédecine 2012).

L'ingénierie tissulaire a pour but de développer des substituts biologiques pouvant restaurer, maintenir ou améliorer les fonctions des tissus lésés suite à des maladies ou des traumatismes [1]. Le principe de l'ingénierie tissulaire repose sur l'association de cellules et/ou de facteurs de croissance à un support naturel ou synthétique pour construire un tissu tridimensionnel et fonctionnel (figure 1.2). Cette stratégie requiert une source abondante de cellules d'origine embryonnaire ou adulte [2] qui peuvent être autologues (provenant du même individu), homologues (provenant d'un autre individu de même espèce) ou hétérologues (provenant d'un individu d'une autre espèce). Le produit d'ingénierie tissulaire doit mimer la fonction, la structure et les propriétés mécaniques du tissu à combler ou à remplacer [3]. L'ingénierie tissulaire est donc hautement interdisciplinaire et fusionne les principes des sciences de la vie et de la médecine avec ceux de l'ingénierie. La fabrication de tissu nécessite des connaissances dans les sciences des matériaux (chimie de synthèse, physique des solides et des polymères), les sciences de la vie (*in vitro* : biologie cellulaire et moléculaire et *in vivo* : physiologie, chirurgie, imagerie) et les biotechnologies (robotique, bioinformatique).

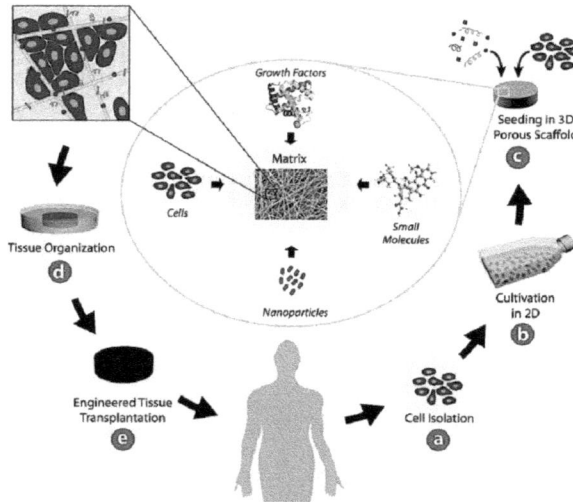

Figure 1.2 – Concept de l'ingénierie tissulaire [4].

Le principal défi dans la création d'un nouveau tissu est l'obtention d'une organisation des cellules en un organe tridimensionnel et fonctionnel. Les conditions de culture *in vitro* ne reproduisant pas complètement l'environnement complexe *in vivo*, les cellules sont incapables de s'organiser d'elles-mêmes en tissus ou en organes. En effet, *in vivo*, des signaux sont transmis aux cellules par leur microenvironnement [5]. Ces signaux peuvent être chimiques, mécaniques ou électriques et stimulent l'assemblage des cellules en organes. Les conditions naturelles peuvent être reproduites de différentes manières : utilisation de bioréacteurs [6, 7], de systèmes de compression ou tension des cellules [8, 9] ou encore apport de facteurs de croissance [10, 11].

Les deux principales stratégies utilisées pour former un tissu de manière contrôlée sont :

– **Méthode 1** : la conception et la synthèse *in vitro* de tissu avant implantation

Les greffes de peau emploient cette méthode et sont utilisées en routine depuis plus de 10 ans [12–14].

– **Méthode 2** : l'implantation de support cellularisé induisant la régénération du tissu *in vivo*

Cette approche est la plus prometteuse pour régénérer un tissu endommagé et consiste en une croissance *in vitro* de cellules sur un support tridimensionnel biodégradable ayant une structure et une géométrie spécifiques. Les supports sont désignés par le terme générique de "scaffolds" (échafaudages) et peuvent être cellularisés avant d'être implantés. Les cellules sont prélevées chez le patient, cellules souches ou autres types de cellules en fonction du tissu à réparer, et sont mises en culture voire éventuellement placées en condition de différenciation. Les propriétés intrinsèques de l'échafaudage sont choisies en fonction du tissu à substituer afin de simuler au mieux l'environnement cellulaire naturel. Les supports cellularisés sont préférentiellement incubés en conditions dynamiques de culture (bioréacteur) afin de favoriser la pénétration des nutriments et les échanges gazeux au sein du biomatériau [15]. Après une maturation suffisante, le complexe échafaudage/cellules est réimplanté sur le patient, le support va se dégrader peu à peu pour laisser place à un nouveau tissu. Des molécules régulatrices comme les facteurs de croissance peuvent être ajoutées afin d'améliorer la régénération.

Avant de pouvoir parler de produit d'ingénierie tissulaire, il est nécessaire de choisir le bon support trois dimensions (3D) (biomatériau, matrice 3D) qui servira de support de culture *in vitro* et de vecteur pour l'implantation de cellules.

1.1.1   Le choix du biomatériau

Le concept de biomatériau ne peut pas répondre à une définition unique. Cependant, en 1986 lors de la Conférence de Chester de la Société Européenne des Biomatériaux dite "conférence du consensus", la communauté scientifique a retenu la définition suivante : "matériaux non vivants utilisés dans un dispositif médical destiné à interagir avec les systèmes biologiques".

Aujourd'hui, les biomatériaux sont évoqués lorsqu'il existe des interactions entre le matériau et les tissus ou les fluides vivants. Pour exemple, les interactions qui s'établissent entre la cornée et les lentilles de contact ou entre le sang et l'hémodialyse. L'interaction biomatériau/tissu biologique passe par la propriété de biocompatibilité du matériau. La biocompatibilité correspond à l'absence de réaction inflammatoire et/ou de toxicité d'un substitut vis à vis du tissu avec lequel il interagit. Cependant, les biomatériaux résorbables ont évolué et ont acquis de nouvelles capacités ; ils ne sont plus seulement inertes mais aussi bioactifs afin de faire réagir l'hôte. C'est le cas dans le domaine de la réparation osseuse où le substitut doit présenter une composante d'ostéoconduction pour faciliter la croissance osseuse. La biocompatibilité comme seule propriété d'un biomatériau n'est pas suffisante, il s'y ajoute les propriétés de bioactivité et de biodégradation. La durée de contact du matériau avec le vivant est très variable mais elle doit au moins dépasser quelques heures pour parler de biomatériau. C'est pourquoi les principes actifs n'appartiennent pas à la famille des biomatériaux sauf ceux dont la délivrance est contrôlée.

La recherche fondamentale a permis de développer des techniques et des protocoles d'évaluation pour discriminer le site d'implantation, la morphologie et la topographie du substitut. Des approches de biocompatibilité, de modification de surface du matériau, de biointégration et de physiopathologie ont été mises au point pour étudier les interactions tissu hôte/implant. Le second aspect étudié concerne la biomécanique cellulaire (contraintes hydrodynamiques ou de cisaillements) et l'évaluation des réactions inflammatoires causées par l'implantation de matériau.

1. Le biomatériau "idéal"

Les critères du biomatériau idéal sont :

• Etre stable après implantation

La stabilité du matériau doit être de nature chimique et physique. La stabilité chimique pour les biomatériaux polymères correspond à l'absence de relargage de molécules toxiques dans l'organisme. Ainsi, de nombreux biopolymères ne sont pas utilisables s'ils se dégradent progressivement (ex : hydrolyse) car se pose alors le problème de l'élimination des monomères par l'organisme [16, 17]. Pour les alliages métalliques, la stabilité chimique repose sur l'absence de libération d'ions métalliques lors de la corrosion du matériau. Les métaux modèles utilisés comme implant sont recouverts d'une couche d'oxyde compacte et imperméable qui croît en fonction du temps passé au contact du fluide biologique [18]. La stabilité physique de l'implant est régie par ses propriétés mécaniques. L'implant doit amortir des forces de frottement sans qu'il n'y ait de modification de son intégrité. L'altération physique d'un implant peut entraîner des relargages de petits débris (inférieur à 10 μm) potentiellement toxiques pour l'organisme, et cela même si le biomatériau est biocompatible [19].

• Posséder une rugosité et une porosité contrôlées

La rugosité caractérise l'état de surface du matériau et doit favoriser les interactions entre le biomatériau et les cellules de l'hôte. Pour exemple d'implant de type rugueux : une prothèse de trachée à base de macro-billes de titane (figure 1.3) [20]. La porosité (taille et distribution) est un paramètre qui doit favoriser l'attachement et la colonisation cellulaire. Avec des pores interconnectés, l'invasion cellulaire par les tissus environnants peut se faire jusqu'au cœur de l'implant. Au contraire, des porosités fermées forment des logettes propices au développement bactérien [21]. C'est pourquoi, la rugosité et la porosité sont des paramètres structuraux à contrôler lors de la conception du biomatériau. L'effet d'un matériau sur l'environnement biologique est fonction du type de surface. Des implants de même composition chimique mais présentant des rugosités de surfaces différentes n'interagissent pas avec les tissus de manière similaire [22]. Pour exemple, un implant à base de polymères peut entraîner des sarcomes lorsque la rugosité de surface est faible alors que pour des surfaces rugueuses il n'y pas ces conséquences de tumeurs malignes [23, 24].

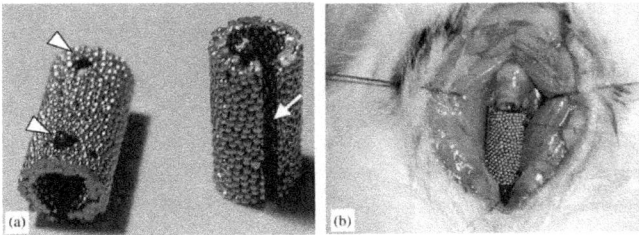

Figure 1.3 – (A) Prothèse de trachée à base de billes de titane, comprenant deux ouvertures en forme de cylindre aux extrémités (triangle blanc) et une ouverture longitudinale (flèche blanche) ; (B) Photographie montrant la prothèse en titane implantée au niveau de la trachée d'un rat [20].

- **Etre facile à stériliser**

La stérilisation est exigée pour la mise en place de tout dispositif médical. Elle permet de diminuer le risque d'infection et de contamination microbienne. Les interventions chirurgicales sont sources d'infections nosocomiales qui touchent environ 2 à 5 % des patients opérés. Il existe différents modes de stérilisation :

⇒ Stérilisation à la vapeur d'eau (Autoclave) : normes EN 554, ISO17665-1

Les micro-organismes sont éliminés soit par destruction des composants métaboliques et structuraux essentiels à la réplication soit par dénaturation des enzymes, des protéines et destruction des complexes essentiels à la survie. Ce mode de stérilisation ne convient pas à tous les matériaux à cause des températures (120°C) et des pressions $(2.0 - 2.3$ bar$)$ élevées.

⇒ Stérilisation à l'oxyde d'éthylène : normes EN 550, ISO 11135-1, 11135-2

Le mécanisme d'action de cette technique repose sur l'alkylation des groupes amines et des acides nucléiques. Il s'agit d'un procédé lent et polluant qui utilise un gaz très toxique et explosif.

⇒ Stérilisation par irradiation : normes EN 552, ISO 11137-1, 11137-2, 11137-3

L'irradiation est un procédé rapide et contrôlé qui consiste en une ionisation (rayons X, beta ou gamma) des acides nucléiques de la cellule. Cette stérilisation peut altérer certains matériaux tels que les polymères. A l'heure actuelle, les biomatériaux utilisés en clinique sont essentiellement stérilisés par cette méthode.

- **Avoir des propriétés mécaniques contrôlées**

En plus d'un contact spécifique avec le tissu hôte, le biomatériau doit posséder une élasticité adaptée au milieu dans lequel il va être greffé. En effet, le but de tout biomatériau est de mimer le tissu substitué en terme d'élasticité [25,26]. Les travaux de Discher [25] ont montré que l'adhésion cellulaire est dépendante du module de Young (module d'élasticité) propre à chaque biomatériau. Indépendamment de la géométrie, la résistance intrinsèque d'un matériau à une contrainte est mesurée par son module élastique, E. Le module de Young est simplement obtenu en appliquant une force (comme en accrochant un poids) à une partie d'un tissu ou d'un matériau, puis en mesurant le changement relatif de la longueur ou de la déformation du tissu ou du matériau.

La représentation ci-dessous montre que le module de Young est la constante (pente de la courbe) reliant la contrainte appliquée au matériau (abscisse) à sa déformation (ordonnée) (figure 1.4). Il existe une relation de proportionnalité entre la contrainte et la déformation mais uniquement dans le domaine des faibles déformations.

- **Présenter un aspect esthétique**

Dans certains domaines, l'apparence du biomatériau à son importance. C'est le cas pour les prothèses dentaires où les notions de couleurs et de brillances sont prises en compte.

- **Etre biocompatible**

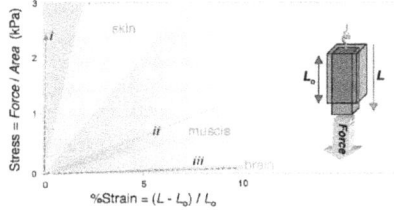

Figure 1.4 – Représentation de la variation de la contrainte au cours de l'allongement d'un matériau en fonction de sa déformation. La pente des droites obtenues donne la valeur du module de Young du tissu. La gamme de pentes de ces tissus mous soumis à une faible déformation donne la plage du module élastique de Young, E, pour chaque tissu. De haut en bas : domaine de variation du module de Young pour la peau, le tissu musculaire et le tissu cérébral. Les mesures sont généralement faites sur des échelles de temps de quelques secondes à quelques minutes et sont en unités Pascal (Pa). Les lignes en pointillés ($- - -$) sont celles pour (i) le PLA, un polymère largement utilisé en ingénierie tissulaire, (ii) une matrice acellularisée dérivée d'artère, et (iii) le matrigel. La partie droite représente un schéma du dispositif expérimental [25].

La biocompatibilité est un critère indispensable pour pouvoir implanter le substitut, ce dernier ne doit ni provoquer de réaction de rejet immunitaire ni de réaction inflammatoire exacerbée. La biocompatibilité signifie que le biomatériau doit réaliser sa fonction sans altérer l'environnement biologique dans lequel il a été implanté. Par exemple, les biocéramiques comme les phosphates de calcium ou les carbonates de calcium, utilisées pour substituer le tissu osseux, répondent à ce critère de biocompatibilité.

2. Les principales classes de biomatériaux

Différents types de supports bi ou tridimensionnels sont utilisés en ingénierie tissulaire selon l'objectif de l'étude. Ces matériaux peuvent être à base de composants synthétiques, artificielles, naturelles ou composites.

En suivant, sera présenté les principales classes de biomatériaux :

- les métaux et alliages métalliques
- les céramiques
- les polymères synthétiques
- les matériaux d'origine naturelle
- les matériaux composites

a. Métaux et alliages métalliques

Ils sont considérés comme les ancêtres des biomatériaux étant donné que ce sont les premiers à avoir été utilisés pour faire des implants.

L'acier inoxydable est le plus important de cette catégorie et est encore largement utilisé en chirurgie orthopédique. L'intérêt de l'acier inoxydable dans ce domaine réside dans ses propriétés mécaniques.

Le titane est également très utilisé en chirurgie orthopédique et pour réaliser des implants dentaires. Il se retrouve aussi dans les stimulateurs cardiaques et les pompes implantables. L'avantage principal du titane est sa bonne biocompatibilité : l'os adhère spontanément au titane (ostéo-intégration). Les alliages à mémoire de forme sont une variante intéressante de cette catégorie. D'autres alliages à base de cobalt, chrome, molybdène ou du tantale sont également disponibles.

Les métaux et alliages métalliques posent certains problèmes qui sont encore mal résolus à l'heure actuelle. Les principales difficultés remarquées concernent la maîtrise de la corrosion électrochimique et de la durabilité du matériau. En effet, l'inoxydation d'un matériau n'est pas absolue, un matériau résiste à la corrosion mais ne l'empêche pas. Les mécanismes de dégradation non électrochimiques incluant les interactions protéine/métal doivent être caractérisées, tout comme les propriétés de frottements. Il faut également réduire les réactions immunitaires et d'hypersensibilité causées par le matériau et cela doit passer par la suppression du problème d'accumulation de débris au sein du tissu hôte. Enfin, il est nécessaire d'étudier l'adaptation des métaux et alliages métalliques face à des contraintes mécaniques.

b. Les céramiques

Deux particularités caractérisent les céramiques : une température de fusion élevée utilisée pour leur fabrication et un comportement à la fois fragile et dur déterminant pour leurs applications. Les céramiques sont des matériaux peu ductiles (difficiles à déformer) et ne peuvent pas absorber l'énergie du choc. Ceci explique leur fragilité puisque le surplus d'énergie transmis par le choc va alors se dissiper en cassant le matériau.

Les céramiques comprennent notamment les oxydes, les sulfures, les borures, les nitrures, les carbures et les composés intermétalliques. Dans le domaine des biomatériaux, l'alumine et la zircone sont utilisées principalement dans les têtes de prothèses de hanche, ainsi qu'en odontologie pour les implants dentaires. Deux céramiques à base de phosphate de calcium sont à évoquer pour leur grande utilisation et leurs nombreuses évolutions, il s'agit de l'hydroxyapatite (HA) et du phosphate tricalcique β (β TCP).

L'HA est la première céramique phosphocalcique synthétique à avoir été utilisée comme biomatériau. L'HA, de formule $Ca_{10}(PO_4)_6(OH)_2$, est utilisée aussi bien sous forme poreuse que dense. Sa structure est analogue à celle du cristal d'apatite biologique (figure 1.5) cependant elle s'en distingue par sa stœchiométrie (céramique non substituée, sans carbonate), sa moindre solubilité et sa plus lente résorption. L'homologie structurale explique la croissance d'un réseau cristallin en continuité avec la trame minéralisée de l'os à la surface de l'HA.

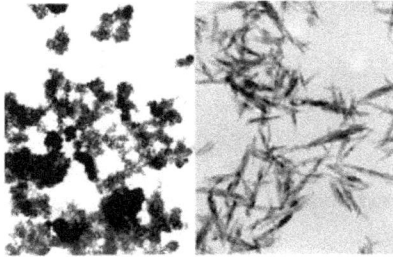

Figure 1.5 – Hydroxyapatite pure (Ostim ®). En microscopie électronique à transmission, l'hydroxyapatite forme des agrégats de cristaux en forme d'aiguille (grossissement : à gauche 7500×, à droite 150000×) [27].

Le phosphate tricalcique (TCP) est une forme poreuse du phosphate de calcium. Le TCP est généralement utilisé sous la forme β TCP ($Ca_3(PO_4)_2$). Le β TCP est nettement plus soluble que l'HA ce qui explique la dissolution rapide du β TCP entrainant ainsi une élévation locale des concentrations en ions calcium et phosphate. La précipitation de ces ions sous forme d'apatite biologique (figure 1.6) est responsable de la minéralisation de la matrice extracellulaire (MEC).

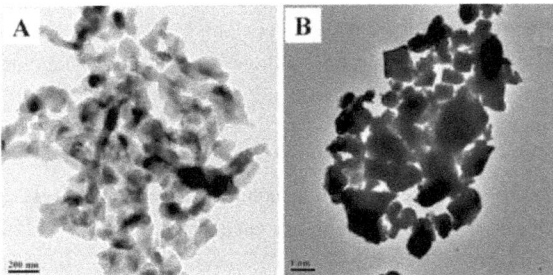

Figure 1.6 – Observation par microscopie électronique à transmission de poudres de β TCP. Les poudres nanométriques (A) et micrométriques (B) [28].

Ces biomatériaux ont l'avantage d'être biorésorbables et ostéoconducteurs c'est-à-dire qu'ils favorisent la repousse osseuse lorsqu'ils sont au contact ou à proximité de l'os à reconstruire. Ils sont utilisés comme implants et matériaux de comblement dentaires et en chirurgie orthopédique. En plus de ces deux céramiques, il faut citer les verres au phosphate ou bioverres de Hench qui assurent un accrochage de type quasi chimique avec le tissu osseux.

Les céramiques biorésorbables soulèvent des interrogations concernant les effets de la stérilisation sur la biorésorbabilité, la cicatrisation ou la formation d'os. La biorésorption et son effet sur le tissu hôte ne sont pas encore maîtrisés tout comme la calcification de la céramique. Enfin, il serait important d'appréhender les effets des enzymes sur la dégradation du matériau.

De nombreux paramètres des céramiques non résorbables sont encore à déterminer tels que la résistance à la fracture, l'activité de surface responsable de l'adhésion des protéines et des cellules ou les mécanismes de dégradation.

c. Les polymères synthétiques

Les polymères dans le domaine des biomatériaux sont extrêmement utilisés. Les deux grandes catégories des polymères concernent :

Les polymères fonctionnels : présentent une fonction chimique particulière à l'interface matériau-tissu vivant. Par exemple, la capacité d'interagir avec les ostéoblastes pour favoriser la repousse osseuse. La fonctionnalisation est envisagée par la fixation sur le polymère de groupements ionisés tels que l'orthophosphate, le carbonate ou le carboxylate. La fonctionnalisation peut être obtenue suite à une modification de l'état de surface du polymère par implantation ionique ou par greffage de substances fonctionnelles.

Les polymères résorbables : comprennent les copolymères d'acide lactique et d'acide glycolique utilisés en chirurgie orthopédique traumatologique, ou les polyanhydrides et/ou polyaminoacides impliqués dans les formes retards (à libération prolongée) de médicaments.

Pour les polymères non résorbables, de nombreuses questions restent en suspens concernant leur comportement face au rayonnement gamma ou à certains types de médicaments. La variabilité de chaque "lot", le manque de standards et l'absence de base de données pour évaluer les propriétés de surface et les réactions de biocompatibilité empêchent la reproductibilité expérimentale. Il faut également préciser qu'il est indispensable de déterminer les risques liés aux produits de dégradation *in vivo* et aux produits résiduels de stérilisation.

Les polymères biorésorbables ne sont pas exempts de problèmes. En effet, la dégradation, la biorésorption et l'érosion de surface du matériau ne sont pas totalement expliquées. Des données concernant les effets biologiques causés par les produits de dégradation du polymère doivent être décrits. L'étude des effets de la stérilisation sur la biodégradabilité du polymère et sur les agents pharmacologiques encapsulés dans le polymère sont à examiner. Finalement, le rôle du polymère dans la cicatrisation et le remplacement de tissus naturels sont encore à approfondir.

Pour les systèmes macromoléculaires actifs, il reste à élucider les types d'interactions matériau/éléments vivants (macromolécules, cellules, organes, etc...), le devenir du système en cas d'utilisation limitée dans le temps ainsi que les effets biologiques produits par le matériau.

Les polymères, par la nature de leur construction moléculaire à base d'éléments de répétition, sont de bons candidats pour l'élaboration de prothèses permanentes ou temporaires sophistiquées, ou encore pour remplacer des matériaux actuellement d'origine naturelle.

d. Les matériaux d'origine naturelle

Dans un souci de biocompatibilité des implants, les chercheurs se sont orientés vers l'utilisation de matériaux d'origine naturelle. Les biomatériaux naturels sont souvent des tissus biologiques (valves porcines, carotide de bœuf, veine ombilicale, ...) ou des composés présents naturellement dans divers tissus du corps (la peau, le cartilage) tels que le sulfate de chondroïtine ou l'acide hyaluronique. Dans cette catégorie de biomatériaux sont retrouvés de nombreux polysaccharides extraits d'algues marines (ex : les fucanes) ou d'exosquelettes d'insectes et d'arthropodes (ex : la chitine) et des polysaccharides obtenus après transformation bactérienne du saccharose (ex : le dextrane). Il faut également prendre en compte la cellulose, synthétisée par les végétaux et très utilisée pour les membranes de dialyse ou comme ciment de prothèse de hanche et le corail, animal marin utilisé en chirurgie orthopédique et maxillofaciale. Le dernier et le plus prometteur composant des biomatériaux naturels est le collagène. Cette protéine matricielle très abondante chez tous les mammifères, est extraite de la peau animale ou du placenta humain et présente de nombreux avantages : hémostatique, biodégradable, il favorise développement cellulaire et est aisément manipulable. L'échafaudage de collagène peut se présenter sous différentes formes (film, tube, fil) (figure 1.7) en fonction du type d'application. Toutes ces caractéristiques ont placé le collagène comme biomatériau de choix pour de nombreuses applications et notamment en cosmétologie et chirurgie esthétique, dans le domaine des pansements, éponges hémostatiques ou implants oculaires et dans le domaine de la reconstitution de tissus mous (derme = peau artificielle) et durs lorsqu'il est associé à l'HA.

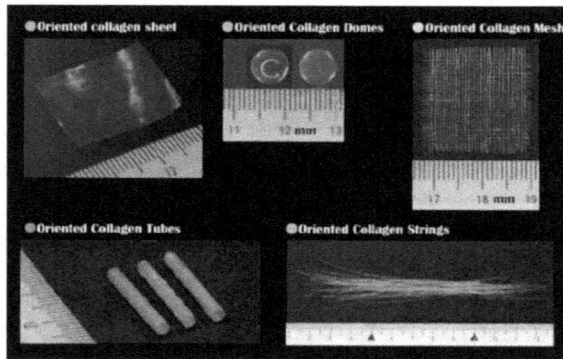

Figure 1.7 – Différents types d'échafaudages de collagène pour l'ingénierie tissulaire [29].

e. Les matériaux composites

Le matériau composite est un assemblage d'au moins deux matériaux non miscibles mais ayant une forte capacité d'adhésion. Il est généralement décrit comme une matrice (matériau de base) renforcée par des fibres ou des particules plus ou moins grosses d'un autre matériau appelé "renfort". Le composite ainsi constitué possède des propriétés que les éléments seuls ne possèdent pas. L'association de matériaux présente un intérêt évident pour cumuler des propriétés permettant d'améliorer la qualité de la matière face à une certaine utilisation (légèreté, rigidité à un effort). Ces progrès expliquent l'utilisation croissante depuis 40 ans des matériaux composites dans différents secteurs (industrie, médecine). Néanmoins, la description fine des composites reste complexe du point de vue mécanique.

Les matrices 3D utilisées en ingénierie tissulaire sont conçues à partir de différents types de matériaux, souvent utilisés de manière composite : elles peuvent être à base de protéines (collagène, fibrine, gélatine), de polymères polysaccharidiques (agarose, alginate, acide hyaluronique) (figure 1.8) ou de polymères artificiels (dacron ®, téflon ®, phosphates de calcium, acide polylactique (PLA)). Leur forme est variable et peut être celle d'une masse poreuse, d'une mousse, d'un liquide visqueux ou d'un hydrogel.

3. Les applications cliniques des biomatériaux

De nombreux domaines utilisent les biomatériaux pour plusieurs applications médicales ou paramédicales :

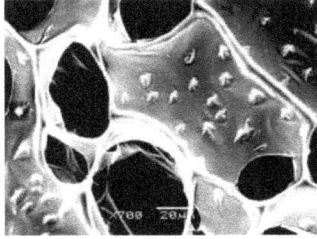

Figure 1.8 – Observation d'échafaudage composite à base de nanofils d'alginate par microscopie électronique à balayage (http ://images.gizmag.com).

– l'Ophtalmologie a recours principalement aux lentilles de contact même si elles sont souvent exclues du domaine des biomatériaux en raison de leur faible temps de contact avec les tissus organiques du corps. Ce domaine fait intervenir des implants, des coussinets de récupération et des produits visqueux pour le traitement de pathologies variées,

– l'Odontologie ou la Stomatologie utilisent des matériaux de restauration et de comblement dentaire et osseux et des implants pour la reconstruction maxillo-faciale,

– la Chirurgie orthopédique est le domaine médical qui compte le plus de biomatériaux. Il s'agit des prothèses articulaires (hanche, coude, genou, poignet...), de ligaments, de tendons ou de cartilage artificiel. Des applications cliniques telles que le remplacement osseux suite à des tumeurs ou des traumatismes par des matériaux de comblement injectables ou la réparation de fractures à l'aide de vis, de plaques, de clous ou de broches sont très connues,

– le Cardiovasculaire utilise depuis des années des valves cardiaques, du matériel pour la circulation extracorporelle tel que les oxygénateurs, les tubulures, ou les pompes. Ce domaine compte également l'usage de cœur artificiel, d'assistance ventriculaire, de stimulateur cardiaque et de prothèse vasculaire. Il faut aussi indiquer les cathéters endoveineux,

– l'Urologie et la Néphrologie emploient des biomatériaux tels que des dialyseurs, des poches, des cathéters et des tubulures pour la dialyse péritonéale. Le rein artificiel portable, les prothèses du pénis et les matériaux pour le traitement de l'incontinence sont des biomatériaux également employés,

– l'Endocrinologie et la Chronothérapie sont des domaines en développement avec la conception de pancréas artificiel, de pompes portables et implantables, des systèmes de libération contrôlée de médicaments (ex : insuline) et des bio-capteurs permettant de suivre l'évolution hormonale,

- la Chirurgie plastique et esthétique est un domaine qui utilise couramment des biomatériaux et des implants (ex : prothèse mammaire),

- la Chirurgie en général emploie en routine des drains de chirurgie, des colles tissulaires et de la peau artificielle. Il faut ajouter la grande utilisation des produits de contraste, des produits pour l'embolisation ainsi que les produits pour la radiologie interventionnelle.

Malgré les avancées de la recherche, des questions de biocompatibilité subsistent et doivent être résolues avant que les produits puissent commencer à être introduits sur le marché et utilisés cliniquement. C'est pourquoi les biomatériaux sont souvent soumis aux mêmes exigences que les nouvelles thérapies médicamenteuses. Toutes les entreprises du domaine sont également soumises à des exigences de traçabilité de tous leurs produits.

Le deuxième élément indispensable pour parler de produit d'ingénierie tissulaire est la composante cellulaire. Dans la partie suivante, nous évoquerons la majorité des cellules qui sont utilisées en ingénierie tissulaire, depuis leurs essais *in vitro* jusqu'à leurs applications cliniques.

1.1.2 Le choix de la composante cellulaire

Au cours des deux dernières décennies, les scientifiques se sont tournés vers pratiquement tous les types cellulaires pour essayer de définir la meilleure source de cellules pour chaque tissu à substituer. L'élément le plus important pour le succès de l'ingénierie tissulaire est la capacité à générer un nombre suffisant de cellules qui puissent maintenir le phénotype approprié et effectuer les fonctions biologiques spécifiques. La composante cellulaire idéale doit répondre à plusieurs critères : être disponible en abondance, être isolée avec une morbidité minimale, être amplifiée sans dérive, être capable de se différencier de manière fiable vers différents lignages, et pouvant être transplantée en toute sécurité et efficacement. L'ingénierie tissulaire fait appel à de nombreux types cellulaires et notamment les lignées cellulaires immortalisées, les cellules primaires et les cellules souches.

1. Les lignées cellulaires immortalisées

Les lignées cellulaires immortalisées sont habituellement employées pour la mise au point des matériaux et le développement de modèles de culture. Ces cellules cancéreuses sont prélevées chez un patient (ex : les cellules HeLa), transformées artificiellement par un oncogène (un gène immortalisant tel que le gène T du virus SV40) ou encore mutées pour des gènes impliqués dans la régulation du cycle cellulaire (ex : la protéine p53). Leur culture est considérée comme aisée, car elles échappent aux phénomènes de sénescence et d'apoptose. Elles s'adaptent donc facilement aux conditions de culture artificielles. L'intérêt de ce type cellulaire est sa grande homogénéité qui permet de s'affranchir d'une variabilité liée aux cellules primaires. De plus, ces lignées sont facilement obtenues en quantité importante. C'est pour tous ces critères que les lignées immortalisées sont d'un usage quotidien dans les laboratoires de recherches de biologie. Néanmoins, l'inconvénient majeur de ce modèle cellulaire est qu'il ne peut pas être utilisé pour des applications chez l'homme dans une optique de régénération de tissus car le génome et le métabolisme de ces cellules est très modifié par rapport aux cellules normales. C'est pourquoi, tout résultat obtenu à partir de lignées immortalisées doit être confirmé par ceux réalisés à partir de cellules humaines primaires [30].

2. Les cellules primaires

En ingénierie tissulaire, les cellules primaires sont systématiquement des cellules différenciées prélevées sur des patients. Les cellules primaires sont des cellules matures spécifiques d'un type de tissu et sont obtenues à partir d'explants éliminés lors d'intervention chirurgicale. Un exemple est les ostéoblastes humains primaires qui sont isolés à partir des têtes fémorales prélevées lors d'opérations de remplacement total de hanche. Les cellules primaires sont les plus intéressantes en ce qui concerne la compatibilité immunologique, en plus du fait qu'elles soient différenciées et postmitotiques. Malgré ces avantages, il faut souligner la tendance de certains types cellulaires à se dédifférencier au cours de la culture *ex vivo* et à exprimer un phénotype inapproprié. C'est le cas des chondrocytes articulaires en culture qui produisent souvent du fibrocartilage en opposition à du cartilage hyalin. Les autres désavantages de ces cellules résident dans les faibles rendements de récupération et les faibles taux de prolifération. De plus, pour certains phénotypes comme les neurones de la moelle épinière, l'isolation de cellules primaires à partir de patients ou de donneurs n'est pas facile. Toutes ces limitations ont poussé les chercheurs à trouver et développer de nouvelles sources cellulaires compatibles avec les stratégies d'ingénierie tissulaire. Les cellules souches offrent déjà des solutions à certains des problèmes rencontrés avec l'utilisation de cellules primaires issues de tissus explantés [31, 32].

3. Les différents types de cellules souches

Une avancée majeure dans le domaine de l'ingénierie tissulaire a été la reconnaissance des avantages énormes offerts par les cellules souches. Les cellules souches sont définies comme des cellules indifférenciées qui ont à la fois la capacité de s'autorenouveler, assurant ainsi un approvisionnement théoriquement inépuisable, et de se

différencier en un ou plusieurs types de cellules spécialisées. Récemment, cette définition a été reconsidérée au vue de la dédifférenciation et de la trans-différenciation
de certaines cellules matures [33, 34] (figure 1.9).

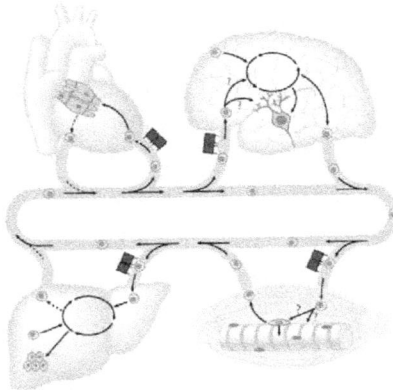

Figure 1.9 – Illustration du concept de plasticité des cellules souches connu (flèches
pleines) et hypothétique (flèches pointillées) ainsi que les transitions dans l'identité
et la différenciation des cellules souches. En plus d'être tissus-spécifiques, certaines
cellules souches peuvent se déplacer dans tout le corps en utilisant la circulation
sanguine. Le schéma suggère également que le devenir cellulaire ne peut pas être
irréversible [35].

Compte tenu de cela, un élargissement de la définition a été proposé : plutôt que
de se référer à une entité cellulaire discrète, une cellule souche devrait renvoyer
plus précisément à une fonction biologique pouvant être induite dans de nombreux
types distincts de cellules y compris les cellules différenciées [35]. Les cellules souches
sont isolées à partir d'embryons, de fœtus, de cordon ombilical ou de tissus adultes,
cependant la gamme de types cellulaires vers laquelle elles peuvent se différencier
varie. Pour l'ingénierie tissulaire, les cellules souches constituent une source quasi
inépuisable de cellules. Les recherches actuelles sur les cellules souches sont axées
sur : l'amélioration de leur différenciation vers des lignées essentielles, leur sélection,
la confirmation de l'absence de potentiel cancérigène et leur implantation sous une
forme permettant de remplacer ou de compléter la fonction de tissus malades ou
blessés. L'étape clé est la sélection de la cellule souche la plus appropriée pour
former le tissu requis [36].

a. Les cellules souches embryonnaires

Les cellules souches embryonnaires (CSE) sont la source la plus prometteuse de
cellules plastiques pour l'ingénierie tissulaire [37, 38]. Ces cellules ont été décrites
pour la première fois en 1981, après avoir été isolées de la masse cellulaire interne

du blastocyste murin en développement et cultivées en laboratoire [39, 40]. Depuis, les cellules souches embryonnaires ont démontré leur capacité de différenciation en tous types de lignages (totipotence), y compris la lignée germinale et trophoblastique [41, 42]. *In vitro*, les cellules souches embryonnaires murines prolifèrent indéfiniment au stade indifférencié et conservent leur capacité de différenciation en tous phénotypes somatiques matures lorsqu'elles reçoivent les signaux appropriés.

Avec le premier isolement de lignées de cellules souches embryonnaires murines, les biologistes du développement ont mis en place un système modèle pour étudier les processus de développement embryonnaire précoce et la différenciation cellulaire. Cet outil a également permis d'envisager des applications d'ingénierie tissulaire à partir de cellules souches totipotentes extraites de blastocystes humains (figure 1.10). Les cellules souches embryonnaires humaines ont fourni un formidable élan à l'ingénierie tissulaire en 1998 [43–45].

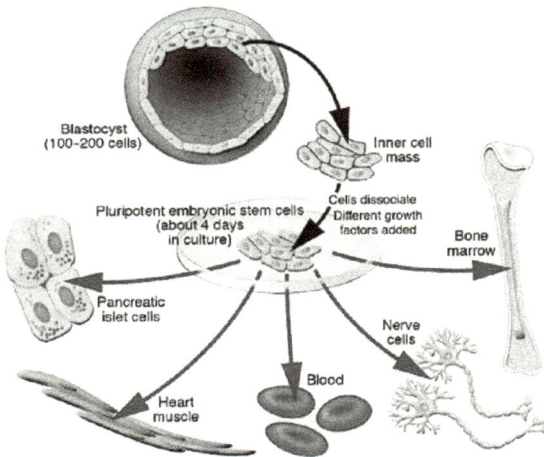

Figure 1.10 – L'origine, l'isolement et la spécialisation des cellules souches embryonnaires pluripotentes capables de se différencier en différents types cellulaires [46].

Les cellules souches embryonnaires humaines présentent plusieurs différences avec les cellules souches embryonnaires murines : une prolifération plus lente et la formation de colonies plates plutôt que sphériques. Il est plus aisé de les dissocier en cellules individuelles contrairement à leurs homologues murins [47]. Les cellules humaines ont besoin d'être cultivées sur des couches de cellules nourricières afin d'assurer leur auto-renouvellement (figure 1.11). Une des principales précautions à prendre lors du développement de cellules souches embryonnaires humaines est l'élimination de toute source de contamination d'origine animale (cellules, protéines). En effet, une publication parue en Janvier 2005 a révélé l'expression d'une protéine non-humaine par des lignées de cellules souches embryonnaires humaines cultivées sur des couches nourricières de provenance animale [48]. Différents moyens ont été essayés pour éviter l'utilisation des cellules nourricières, y compris l'ajout de facteur de croissance fibroblastique (FGF) au milieu de culture, la croissance sur matrigel ou sur laminine [49] et la croissance sur des fibroblastes dérivant de cellules souches embryonnaires humaines [50,51]. Cependant, aucun des protocoles développé n'a pu s'affranchir entièrement de l'utilisation de produits d'origine animale.

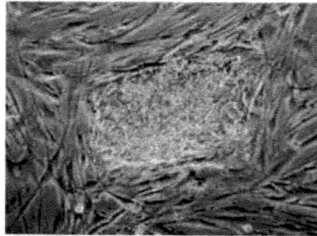

Figure 1.11 – Observation au microscope inversé d'une colonie de cellules souches embryonnaires humaines en croissance sur une couche nourricière de fibroblastes embryonnaires murins inactivés mitotiquement [52].

L'étude et/ou l'utilisation des cellules souches embryonnaires humaines serait parfaite pour traiter les maladies car la cellule souche embryonnaire est biologiquement plus jeune que les cellules souches mésenchymateuses (CSM). Malheureusement, un certain nombre d'obstacles ont longtemps empêché les scientifiques de les utiliser. La première difficulté est d'ordre technique, l'injection de cellules souches embryonnaires peut provoquer des réactions inflammatoires à la suite d'une réponse ciblée du système immunitaire ce qui conduit à leur élimination. A l'aide de traitement immunodépresseur, la suppression des cellules souches embryonnaires peut être évitée, mais un second problème peut se poser comme la succession de divisions cellulaires incontrôlées qui entraînerait le développement de tumeurs. Des approches ont été développées pour surmonter les défis de la tumorigénicité [53–55]. Et enfin le dernier obstacle est l'obtention des cellules souches embryonnaires qui soulève des débats éthiques et politiques car les embryons qui les fournissent doivent être détruits cinq jours après le prélèvement [46].

Treize années se sont écoulées depuis la découverte des cellules souches embryonnaires humaines et il a fallu attendre janvier 2012 pour voir la première application clinique mondiale utilisant les cellules souches embryonnaires humaines [56]. Des chercheurs californiens ont injecté des cellules souches embryonnaires dans la rétine de deux patientes malvoyantes et à ce stade de l'étude pilote, la technique appa-

raît comme sûre et pourrait même restaurer partiellement la vision. Ces résultats
très encourageants ont motivé la FDA (Food and Drug Administration) à changer
d'opinion. La FDA estime que les progrès sont assez conséquents pour autoriser
l'utilisation en clinique des cellules souches embryonnaires chez l'homme.

Avantages et inconvénients pour une utilisation en ingénierie tissulaire :

Pour résumer sur les avantages des cellules souches embryonnaires, ces cellules possèdent un caractère pluripotent et se divisent relativement facilement en culture [57].

De nombreux inconvénients empêchent une utilisation des cellules souches embryonnaires dans le domaine de l'ingénierie tissulaire. Le principal obstacle vient de la
difficulté d'obtention des cellules souches embryonnaires. En effet, ces cellules sont
isolées à partir d'embryons surnuméraires ou issus d'avortements, leur utilisation
soulève donc des problèmes éthiques. Depuis la loi du 29 juillet 1994 (Loi n°94-654
du 29 juillet 1994 relative au don et à l'utilisation des éléments et produits du corps
humain, à l'assistance médicale à la procréation et au diagnostic prénatal "bioé-
thique") interdisant toute expérimentation sur l'embryon humain, il est impossible
de travailler avec les cellules souches embryonnaires dans un cadre de recherche en
France. Deux autres problèmes s'ajoutent à l'interdiction de manipuler les embryons
humains. Comme cité précédemment, les CES implantées dans un autre organisme
que celui d'origine, peuvent induire une réponse immunitaire étant reconnues comme
du non-soi. Ceci donnant lieu à des phénomènes de rejet [58]. D'autre part des recherches menées sur la souris ont montré que l'utilisation de cellules souches embryonnaires peut engendrer l'apparition de tumeurs [53, 54].

b. Les cellules souches fœtales

La récente découverte des cellules souches fœtales humaines (CSF) a augmenté la
possibilité d'utilisation de cellules autologues pour des traitements *in utero* [59]. La
population de cellules souches fœtales est issue de tissus fœtaux à un stade beaucoup
plus tardif (5 − 9 semaines) que le stade de blastocyste embryonnaire et est isolée
à partir de fœtus résultant d'avortements, du cordon ombilical ou du placenta. Le
potentiel de différenciation des cellules souches fœtales est très élevé et reste intact
jusqu'à la neuvième semaine de gestation. Ces cellules souches peuvent se différencier
en une vaste gamme de cellules au sein d'un même feuillet germinatif : ectoderme,
endoderme et mésoderme. De plus, les cellules souches fœtales détiennent le potentiel de prolifération le plus élevé (division jusqu'à 20 − 40 passages), en comparaison
avec d'autres types de cellules souches (cellules souches adultes, cellules souches provenant du sang du cordon ombilical, etc...). Ces cellules sont retrouvées seulement

pendant le premier trimestre de grossesse et sont semblables à la population hématopoïétique et aux populations du foie fœtal et de la moelle osseuse (moelle osseuse).
La thérapie cellulaire à base de cellules souches fœtales ne comporte pas de risque
de tumorigenèse, contrairement aux traitements à base de cellules souches embryonnaires (*in vitro*) isolées dans la première période de gestation (1 à 2 semaines) [58,60].
En outre, la greffe de cellules souches fœtales ne conduit pas au rejet par le patient
car pour ces cellules l'expression d'antigènes des leucocytes humains (HLA) est soit
minimale, soit absente [61]. En revanche, les cellules souches adultes (CSA) et les
cellules du sang de cordon ombilical présentent des antigènes d'histocompatibilité,
ce qui requiert une compatibilité HLA du couple donneur-receveur ou une immuno-
suppression.

Suite à l'injection chez le patient, les cellules souches fœtales migrent pour se loger
où se situe la lésion, se greffent, prolifèrent et se spécialisent. Une fois implantées, les
cellules souches fœtales sont régulées par le nouvel organisme hôte et se substituent
aux cellules disparues ou endommagées afin de restaurer les fonctions atteintes de
l'organisme [62,63]. De plus, les cellules souches fœtales peuvent produire un nombre
considérable de substances biologiquement actives, par exemple des facteurs de croissance hématopoïétiques, des interleukines, des facteurs de croissance nerveux et de
nécrose tumorale ou des facteurs angiogéniques et neurotrophiques.

Pour les recherches sur les cellules souches fœtales, les cellules sont prélevées sur
des fœtus issus d'une interruption volontaire de grossesse en fin de premier trimestre
(11 − 14 semaines). Ce prélèvement est considéré comme un don d'organes dans la
plupart des pays et contourne donc les problèmes majeurs qui ont été soulevés par
les cellules souches embryonnaires. Les cellules souches fœtales peuvent également
être isolées à partir de deux tissus particulièrement importants dans une perspective
thérapeutique. Le premier concerne les cellules souches des zones germinatives du
système nerveux central, dans le traitement de certaines pathologies neurodégéné-
ratives (maladie de Parkinson ou de Huntington). En effet, l'allogreffe de neurones
fœtaux a prouvé son efficacité [64]. Pour être efficace, les cellules implantées doivent
être différenciées en neurones, mais ne doivent pas encore avoir établi leurs connec-
tions neuronales. Le second s'intéresse aux hépatocytes fœtaux qui font l'objet d'une
recherche active en vue de transplantation [65].

Une dernière source de cellules souches est à présenter : le cordon ombilical du
nouveau-né. Dans le sang ombilical est retrouvé un grand nombre de cellules souches
pouvant être utilisées pour une transplantation au cours de traitements des maladies
du sang ou du système immunitaire. Ces cellules sont d'ailleurs déjà utilisées pour
les greffes hématologiques chez l'enfant mais aussi chez l'adulte [66]. Ces résultats

encourageants ont donc incité de nombreux pays à développer des banques de sang de cordon ombilical qui remplaceraient celles de moelle épinière car elles offrent des avantages comparés aux registres de moelle, les greffons étant recueillis sans risque et conservables près de 20 ans. Ces banques pourront peut être un jour remplacer les banques d'organes et ainsi remédier à la pénurie d'organe pour les greffes.

Avantages et inconvénients pour une utilisation en ingénierie tissulaire :

Pour l'ingénierie tissulaire les cellules souches fœtales présentent de nombreux avantages ce qui explique la multiplication des recherches les utilisant dans des protocoles *in vivo*. Les cellules souches fœtales sont moins quiescentes que les CSA, leur plasticité se rapproche de celle des cellules souches embryonnaires [67], avec l'avantage de ne pas induire de développement tumoral après leur transplantation. Les cellules souches présentes dans le sang de cordon ombilical sont à distinguer des cellules souches embryonnaires d'un point de vu réglementaire car leur utilisation est beaucoup plus souple et ne soulève aucun problème d'éthique.

Le désavantage majeur de ces cellules est la faible quantité de cellules souches présentes dans le sang de cordon ombilical. Avant de pouvoir les utiliser pour des applications d'ingénierie tissulaire, il est primordial de mieux connaître les cellules souches fœtales ainsi que leurs besoins. Une meilleure compréhension des cellules souches fœtales permettra d'améliorer les techniques de culture pour pouvoir les amplifier sans qu'elles se différencient spontanément [67,68].

c. Les cellules souches adultes

Pour éviter les écueils éthiques liés aux cellules souches embryonnaires, les CSA sont une autre alternative. Ces cellules sont utilisées en clinique pour leur caractère immunocompatible même si leur potentiel prolifératif est inférieur aux cellules souches embryonnaires.

Les CSA sont plus précisément appelées cellules souches somatiques postnatales parce qu'elles dérivent de pratiquement tous les tissus de l'organisme, non seulement chez les adultes mais également chez les enfants et les bébés. Une CSA est une cellule indifférenciée trouvée parmi les cellules différenciées d'un tissu ou d'un organe et qui peut se renouveler. Un large stock de CSA est localisé au niveau des niches de divers tissus tels que la moelle osseuse, le cerveau, le foie, la peau, le tissu adipeux (TA) ainsi que la circulation sanguine [69,70]. Leur rôle principal est de maintenir et réparer le tissu dans lequel elles se trouvent. Facilement accessibles, elles devraient constituer une source privilégiée de cellules se prêtant à la thérapie cellulaire et génique. A l'origine, ces cellules ont été considérées comme ayant un potentiel de différenciation très limité, mais de nombreux travaux ont prouvé le contraire en démontrant un degré de plasticité considérable [71,72]. En théorie, ces cellules pourraient être isolées d'un patient, intégrées dans un substitut tissulaire, et réimplantées chez le même individu si une reconstruction est nécessaire. Cette démarche permet de s'affranchir d'un traitement immunosuppresseur. Ces CSM ont une seconde qualité, elles peuvent sécréter un large spectre de macromolécules bioactives qui sont à la fois des immunorégulatrices et servent à structurer les microenvironnements régénératifs dans le domaine de lésion tissulaire [73–75] (figure 1.12).

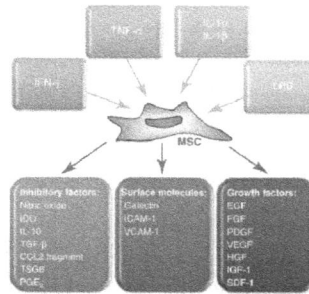

Figure 1.12 – Facteurs et molécules indispensables pour l'immunorégulation et la réparation tissulaire par les CSM [75].

Ces récentes études sur l'immunorégulation contrôlée par les CSA suggèrent que ces dernières sont recrutées au niveau de sites de lésions tissulaires et activées par des cytokines inflammatoires locales produites par les cellules immunitaires activées. L'activation des CSA conduit à la production de facteurs immunorégulateurs et de facteurs trophiques. Selon les types de réponses immunitaires (inflammation aiguë ou chronique), les CSA peuvent soit atténuer la réponse inflammatoire et conduire à la réparation du tissu endommagé, soit maintenir une réaction inflammatoire chronique persistante, ce qui conduit à la fibrose et à la déformation de l'architecture tissulaire (figure 1.13).

Néanmoins, comme les cellules primaires matures, pour certains types de cellules souches, les problèmes d'accessibilité, de faible rendement (environ 1 cellule souche pour 100.000 cellules de moelle osseuse), de potentiel de différenciation restreint et de faible croissance tendent à limiter leur utilité pour l'ingénierie tissulaire. Durant plusieurs années, le choix des CSA par rapport aux cellules souches embryonnaires a été considéré comme le plus sûr pour des applications cliniques et cela parce qu'il n'avait jamais été décrit de formation de tératome par les CSA. Cependant, de nouvelles observations de la transformation spontanée de CSA humaines placées en culture prolongée (4 − 5 mois) plaident pour une réévaluation des aspects de biosécurité de

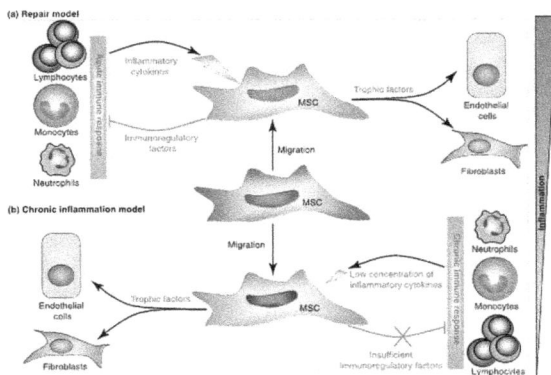

Figure 1.13 – Rôle des CSM dans la réparation tissulaire et l'inflammation chronique [75].

ces cellules [76]. La situation s'est aggravée avec les CSA humaines transduites par le gène de la transcriptase inverse de la télomérase humaine (hTERT) dans le but de les immortaliser pour des applications thérapeutiques [77, 78]. Ces cellules télomérisées ont également fait l'objet d'une altération génétique spontanée conduisant à la tumorigénicité chez des souris immunodéficientes [79]. De nouvelles sources de cellules souches ont été identifiées en particulier dans le tissu adipeux. Les cellules souches adultes dérivées du tissu adipeux (ASC) représentent une source de cellules intéressante et éthique pour la thérapie à base de cellules souches. Les ASC semblent être sûres et ne provoquent pas de tumorigenèse [80].

Avantages et inconvénients pour une utilisation en ingénierie tissulaire :

Les CSA pourraient s'avérer être le meilleur choix pour l'ingénierie tissulaire cellulaire puisqu'elles sont facilement recueillies chez le patient, cultivées et multipliées en nombre suffisant pour traiter des maladies ou des lésions. Parmi les autres avantages, leur disponibilité dans des tissus adultes, l'absence de problèmes de rejet immunitaire et enfin la faible capacité à favoriser les tumeurs sont à citer [81–83]. De plus, il pourrait s'avérer possible de reprogrammer les cellules spécialisées pour qu'elles abandonnent leur spécialisation et redeviennent des cellules souches autrement nommées les cellules souches pluripotentes induites ou iPS (induced pluripotent stem cell), ou forcer les cellules spécialisées à se reproduire [84, 85]. En 2006, Shinya Yamanaka a été le premier à trouver le moyen de produire des cellules souches en laboratoire avec la découverte des iPS [86]. Seules les cellules souches embryonnaires dérivées, chez l'homme, d'un embryon de 4 − 5 jours, sont naturellement pluripotentes. Yamanaka a montré que toutes les cellules du corps, mis à part les spermatozoïdes et les ovules, peuvent être transformées en cellules souches pluripotentes (figure 1.14). Cette reprogrammation cellulaire ouvre des possibilités intéressantes pour l'étude et le traitement des maladies.

Malgré tous ces avantages, des inconvénients persistent. Le premier est l'incapacité des CSA à se différencier en tous les types de cellules et de tissus du corps humains. De plus, elles sont difficiles à obtenir en grandes quantités, sont susceptibles de subir des mutations et leur nombre diminue au fur et à mesure du vieillissement du sujet.

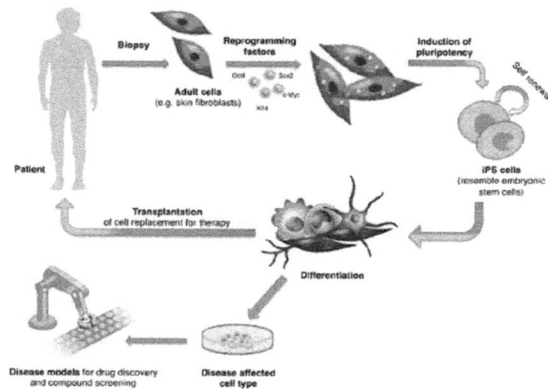

Figure 1.14 – Les cellules iPS - Dérivation et applications. Les cellules iPS sont produites à partir de cellules adultes par l'introduction de gènes spécifiques. Les cellules sont reprogrammées et deviennent pluripotentes, à l'image des cellules souches embryonnaires. Les cellules iPS peuvent se différencier dans tout type de cellule pour la greffe dans le cadre de la thérapie cellulaire de substitution. Des cellules atteintes de maladies, faites à partir de cellules iPS, peuvent être utilisées comme modèles des maladies et pour tester de nouveaux médicaments (http ://www.eurostemcell.org/files/images/iPS).

4. L'utilisation des cellules souches adultes en ingénierie tissulaire

L'ingénierie tissulaire comme la médecine régénératrice sont des sciences multidisciplinaires qui ont évolué en parallèle avec les récentes avancées biotechnologiques. La science des matériaux peut maintenant fabriquer des échafaudages biocompatibles avec une large gamme de paramètres physiques, combinant l'intégrité mécanique avec une porosité élevée pour favoriser l'infiltration cellulaire et l'angiogenèse. De même, les biochimistes peuvent produire en grande quantité des cytokines bioactives et adaptées à la culture cellulaire et à des applications *in vivo*. Malgré ces progrès, la disponibilité de cellules souches reste un défi pour les scientifiques et les cliniciens. Les cellules sont responsables de la synthèse et de la stabilisation à long terme de la MEC, cette dernière étant importante pour générer un nouveau tissu [87]. L'interaction matrice/cellule, l'adhésion et la prolifération des cellules ainsi que la production de la MEC sont des critères importants pour réussir à former un tissu [88].

Idéalement, une cellule souche pour des applications en ingénierie tissulaire doit répondre aux critères suivants :

- Etre trouvée en quantités abondantes (en millions de milliards de cellules)
- Etre isolée à partir d'une procédure peu invasive
- Etre différenciée de manière contrôlée et reproductible
- Etre transplantée en toute sécurité et efficacement au sein d'un hôte autologue ou allogénique
- Etre produite dans le respect des directives de bonnes pratiques de laboratoire

La première étude portant sur les CSM adultes a été réalisée par Friedenstein et ses collaborateurs mais le terme de "cellules souches mésenchymateuses" n'était pas encore employé. Ils ont identifié et isolé des CSM à partir de la moelle osseuse. En cultivant des cellules stromales de moelle osseuse, les scientifiques ont observé l'apparition de colonies de cellules de type fibroblastique ou Fibroblasts Colony-Forming Unit (CFU-F), adhérentes au plastique et pouvant se différencier en ostéoblastes [89]. D'autres équipes ont ensuite montré la capacité de ces cellules à se différencier, *in vitro*, vers d'autres cellules d'origine mésodermique : chondrocytes, adipocytes, myoblastes [90,91]. Il a fallu attendre l'année 1991 pour voir apparaître le terme de "cellules souches mésenchymateuses" [92]. Les CSM se distinguent des autres types cellulaires d'une part par leurs marqueurs membranaires spécifiques (CD73, CD90, CD105, CD34, CD45 et STRO-1) [93] et d'autre part, par leurs capacités d'auto-renouvellement et de différenciation vers différents types cellulaires spécialisés (d'origine mésodermique) qui participent à l'homéostasie et donc à la régénération de tissus d'origine mésodermique. Ces cellules isolées en grande quantité à partir de nombreux tissus adultes ont l'avantage de pouvoir être utilisées dans des conditions autologues. Les CSA commencent à être utilisées en clinique dans plusieurs domaines et notamment ostéo-articulaire [94].

Les deux sources de CSA qui seront présentées sont la moelle osseuse et le tissu adipeux.

a. Les cellules souches adultes dérivées de la moelle osseuse

Une grande partie des travaux menés sur les CSA a mis l'accent sur les CSM qui se trouvent dans le stroma de la moelle osseuse. La moelle osseuse également nommée moelle hématopoïétique est garante de la production de l'ensemble des éléments figurés du sang (les globules rouges, les globules blancs et les plaquettes). La moelle osseuse chez l'adulte a pour fonction principale de concentrer les cellules souches au sein des os du corps humain et essentiellement au niveau du sternum, rachis, bassin et épaules. Les prélèvements de moelle osseuse sont obtenus suite à une ponction généralement à l'intérieur du sternum ou bien une biopsie au niveau de la crête iliaque postérieure.

Les CSM présentes dans la moelle osseuse adulte (Bone Marrow Stem Cells ou BMSC) peuvent se différencier en divers types cellulaires comme les ostéoblastes, les chondroblastes, les adipocytes et les cellules myocardiques (figure 1.15) [95–98]. Leur potentiel de différenciation vers le lignage ostéoblastique constitue une alternative prometteuse à l'autogreffe [99]. En effet, les BMSC sont utilisées chez l'enfant dans le traitement de l'ostéogenèse imparfaite. Leur efficacité a été en premier lieu validée par l'équipe de Horwitz [100].

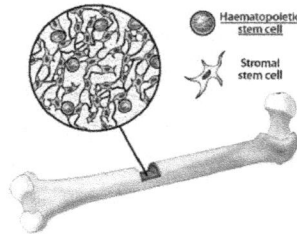

Figure 1.15 – Cellules souches stromales et hématopoïétiques isolées à partir de la moelle osseuse (http ://www.kumc.edu/images/stemcell/maturemarrow.jpg).

Bien que les BMSC soient une source prometteuse pour la régénération de tissus, quelques problèmes restent à résoudre au niveau de leur application en clinique [101]. Il existe encore des difficultés d'isolation et d'expansion de ces cellules (faible pourcentage < 2 %) ainsi que de contrôle de leur différenciation. De plus, des variabilités de résultats *in vitro* et *in vivo* visibles de donneur à donneur et surtout en fonction de l'âge du patient [102] sont observées. Une étude réalisée par Caplan a montré que le nombre de cellules souches présentes dans l'organisme ne cesse de diminuer avec le vieillissement. Le quotient de CSM chez un nouveau-né est de 0, 01 % tandis qu'à 70 ans il atteindra seulement le taux de 0, 0001 % (figure 1.16). En outre, les BMSC représentent approximativement entre 0, 001 % et 0, 01 % des cellules mononuclées médullaires [90]. La découverte d'une seconde source de CSA a permis de pallier à ce manque de disponibilité et de reproductibilité liées au donneur : il s'agit du tissu adipeux.

b. Les cellules souches adultes dérivées du tissu adipeux

Les CSA isolées à partir de tissu adipeux adultes [103–105] sont connues sous le

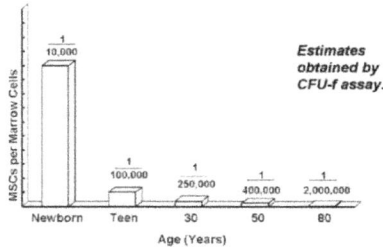

Figure 1.16 – Estimation par test CFU-F du nombre de CSM dans la moelle osseuse en fonction de l'âge du donneur [70].

nom de "cellules souches adipeuses" (Adipose Stem Cells ou ASC). Le tissu adipeux, comme la moelle osseuse, est dérivé du mésenchyme embryonnaire et contient un stroma qui est facile à isoler. Le tissu adipeux est une source de CSM particulièrement intéressante car il semble remplir, en quasi totalité les critères indispensables à l'ingénierie tissulaire. Le tissu adipeux représente environ 10 % du poids corporel chez un individu adulte sain et jusqu'à 50 % chez des obèses. De plus, les ASC peuvent être obtenues facilement, en toute sécurité, et en quantité abondante à partir des techniques modernes de liposuccion ou de résection abdominale (figure 1.17), un individu même mince peut livrer facilement un litre de gras.

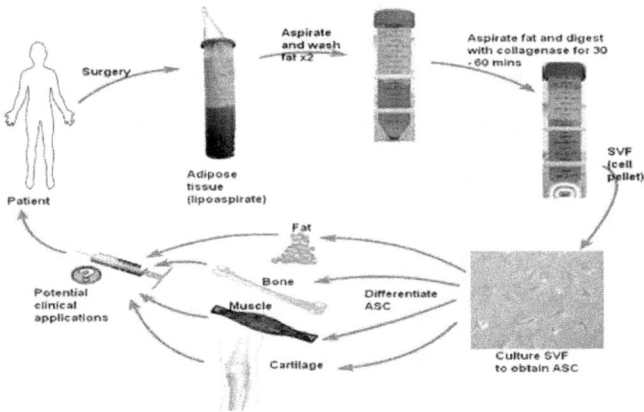

Figure 1.17 – L'origine, l'isolement et la spécialisation des cellules souches dérivées du tissu adipeux capables de se différencier en différents types cellulaires [106].

La population d'ASC a été identifiée dans le compartiment stromal adipeux [107] et comme les BMSC, ces cellules se différencient vers les lignages ostéogénique, adipogénique, myogénique, et chondrogénique. Ces cellules présentent des caractéristiques uniques distinctes de celles observées chez les BMSC, y compris des différences dans le profil des marqueurs antigéniques de surface (CD) et dans l'expression des gènes [108] (figures 1.18 et 1.19). Les travaux de Noël ont révélé des différences cellulaires spécifiques au niveau transcriptomique et de la protéomique entre les deux types de cellules en fonction de leur origine tissulaire ainsi que des différences fonctionnelles dans leurs processus de différenciation adipogénique, ostéogénique et chondrogénique. Néanmoins, aussi bien *in vitro* que *in vivo* les ASC affichent la même capacité que les BMSC pour se différencier vers le lignage chondrocyte/ostéoblaste, confirmant le statut prometteur des deux sources de cellules pour la médecine régénératrice [109].

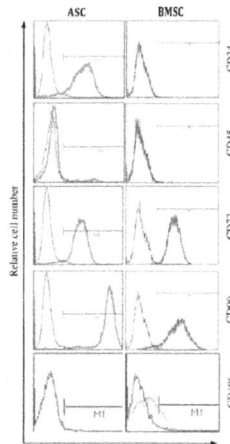

Figure 1.18 – Immunophénotype des ASC (gauche) et BMSC (droite). Les deux types cellulaires sont marqués par des anticorps dirigés contre les antigènes indiqués et analysés par cytométrie en flux. Les histogrammes respectifs sont indiqués par une ligne rouge et les contrôles isotypiques respectifs sont indiqués par une ligne noire [108].

Les ASC ont un potentiel prolifératif supérieur à celles isolées à partir de la moelle osseuse. Un seul gramme de tissu adipeux humain peut fournir plus de 50.000 CSA pluripotentes après un jour de culture [110]. Toute personne peut donc disposer de ses propres cellules souches pour une autogreffe réparatrice, exempte de rejet. Et chacun pourrait les proposer, pour une allogreffe, à qui serait porteur d'un défaut génétique interdisant l'autogreffe.

Les ASC étant capables de se différencier en d'autres types de tissus mésenchymateux, elles sont retrouvées dans une large gamme d'applications cliniques dans tous les domaines de la chirurgie [111, 112]. L'ingénierie ostéo-articulaire est un des domaines où les applications thérapeutiques à base de CSA sont très développées [94, 113, 114]. Ces cellules présentent aussi des propriétés angiogéniques. En

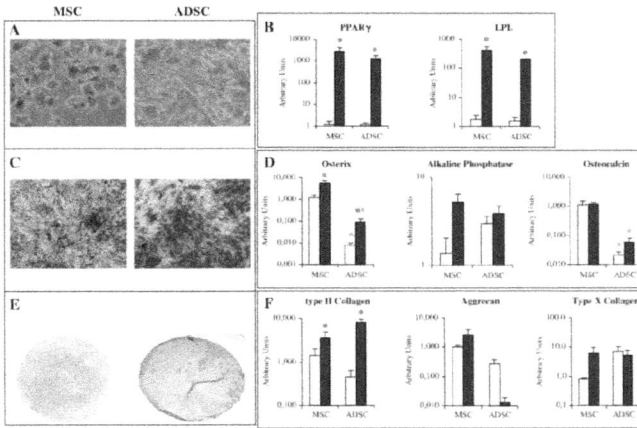

Figure 1.19 – Différenciations adipogénique, ostéogénique et chondrogénique des ADSC=ASC et des MSC=BMSC. Colorations Oil Red O (A ; ×450), Von Kossa (C ; ×450) et Safranin O (E ; ×100) des ASC et MSC révélant respectivement, les différenciations *in vitro* adipogénique, ostéogénique et chondrogénique. Expression relative des marqueurs adipogénique (B), osteogénique (D) et chondrogénique (F) chez les ASC versus les MSC avant (d0, barres blanches) ou après (d21, barres noires) l'induction de la différenciation [108].

effet, de récentes données ont démontré leur rôle potentiel dans la guérison des tissus endommagés par la radiothérapie, peut-être en raison de leur capacité de sécrétion du facteur de croissance endothélial vasculaire (Vascular Endothelial Growth Factor ou VEGF). De même, elles peuvent avoir un rôle dans la cicatrisation des plaies chroniques et en tant que telles sont à l'étude dans les essais cliniques de phase 1. Par exemple, les ASC contribuent à la guérison des fistules récurrentes dans la maladie de Crohn [115–117].

Après avoir choisi le support 3D et la source de cellules souches, il faut apporter des facteurs biochimiques et mécaniques au système pour augmenter la réactivité cellulaire vis à vis du biomatériau.

1.1.3 Le choix du microenvironnement

Afin de maximiser le succès de l'ingénierie tissulaire, la reproduction autant que possible du microenvironnement naturel dans lequel cellule/tissu se développent et fonctionnent normalement à l'intérieur de l'organisme est souhaitable. L'ingénierie tissulaire apporte la MEC et les protéines solubles nécessaires aux cellules pour la construction tissulaire. Le cas des tissus porteurs musculo-squelettiques a indiqué que la stimulation mécanique peut également être essentielle [118]. Cette approche est complétée par l'étude des signaux cellulaires spécifiques susceptibles d'améliorer la construction tissulaire par les cellules [119].

1. Facteurs biochimiques et physico-chimiques

Ce microenvironnement extracellulaire est un réseau de gel hydraté à base de protéines et de protéoglycanes comprenant des signaux solubles et physiques ainsi que des signaux résultant des interactions cellule-cellule [120] (figure 1.20). Les liaisons

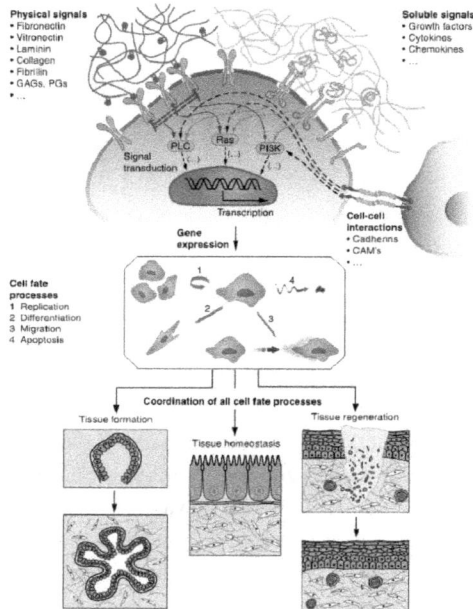

Figure 1.20 – Comportement de cellules individuelles et état dynamique de tissus régulés par des interactions moléculaires réciproques entre les cellules et leur environnement [5].

signaux/récepteurs de surface entraînent l'activation de cascades de signalisation intracellulaire responsables de la régulation de l'expression des gènes, l'établissement d'un phénotype cellulaire ou l'homéostasie et la régénération de tissus. Le microenvironnement comprend une gamme importante de facteurs physiques et chimiques, largement divisés en macromolécules hydratées insolubles (protéines fibrillaires telles que les collagènes, glycoprotéines non collagèniques telles que l'élastine, la laminine ou la fibronectine et des protéoglycanes hydrophiles avec de longues chaînes latérales de glycoaminoglycanes (GAG) appelées signaux physiques sur la figure 1.20), macromolécules solubles (les facteurs de croissance, les chemokines et les cytokines) et protéines d'interaction cellulaire (les molécules d'adhésion cellulaire : CAM) [5,120,121].

Le devenir d'une cellule, à savoir se différencier, proliférer, migrer, entrer en apoptose ou effectuer d'autres fonctions spécifiques, est une réponse coordonnée entre l'ensemble de ces signaux. Le flux d'information entre les cellules et la MEC est bidirectionnel comme observé par exemple dans les processus impliquant la dégradation et le remodelage de la MEC.

Les facteurs biochimiques sont essentiels pour induire et/ou maintenir le phénotype des cellules différenciées ainsi que les lignages spécifiques à partir de cellules souches [122]. Ces facteurs régulateurs peuvent être de différents types : biochimiques ou physico-chimiques.

a. La pression partielle en oxygène

De tous les nutriments nécessaires pour les cellules ensemencées sur des échafaudages pour la régénération des tissus, l'oxygène est l'élément limitant en raison de sa faible solubilité dans les milieux de culture tandis que les cellules consomment cinq à six moles d'oxygène pour chaque mole de monosaccharide. La diminution de la concentration en oxygène tissulaire active l'expression de gènes endogènes tels que celui de l'érythropoïétine ou ceux contrôlant l'angiogenèse et la glycolyse. Afin de contrôler l'expression des gènes par la pression partielle en oxygène, il est nécessaire de comprendre les mécanismes cellulaires impliqués dans la transduction du signal hypoxique et l'activation des gènes endogènes sensibles à l'hypoxie. Des données récentes indiquent que l'hypoxie contrôle la différenciation de plusieurs types cellulaires au cours du développement [123]. Les effets dûs aux variations de la pression partielle en oxygène (pO_2) sont régis par le complexe Hypoxia Inducible Factor 1 (HIF-1), un médiateur de la réponse cellulaire à l'hypoxie. La protéine HIF-1 est disponible en quelques secondes dans les cellules maintenues en hypoxie. Lorsque l'apport en O_2 se normalise, HIF-1 disparaît en quelques minutes (HIF-1 a une demi-vie d'environ 5 minutes). Il a été démontré par immunohistochimie que HIF-1 est exprimé dans des conditions normoxiques dans le cerveau, le rein, le foie, le cœur et le muscle squelettique de souris [124]. L'oxygène peut affecter *in vitro* la synthèse de MEC et le développement des tissus [125]. Les effets de l'oxygène sur la différenciation de cellules souches sont encore peu connus. Fermor et ses collaborateurs ont prouvé que les pressions élevées en oxygène (21 %) favorisent la prolifération cellulaire. En revanche, des pO_2 inférieures (10 %) favorisent la synthèse des molécules de la MEC [126, 127].

b. Les facteurs de croissance

Les facteurs de croissance présentent une importance qui n'est plus à démontrer en ingénierie tissulaire. Leur injection directe sous forme soluble peut accélérer la régénération mais n'est pas assez efficace. En effet, les facteurs de croissance diffusent rapidement loin du lieu de l'injection. Pour permettre aux facteurs de croissance d'exercer efficacement leurs effets biologiques, un "Drug Delivery System" devrait être employé. Par exemple, la diffusion contrôlée de facteurs de croissance au niveau de la lésion pendant une période prolongée est rendue possible en incorporant le facteur dans un support approprié, pour prolonger son activité *in vivo*. Le système de délivrance devra être dégradé par l'organisme après relargage de facteurs de croissance [128–130].

La régénération de tissu est souvent induite par l'utilisation des facteurs de croissance sous forme soluble, mais la quantité administrée est beaucoup plus élevée que dans les conditions physiologiques, ce qui peut avoir des effets défavorables [131]. Il est également possible d'utiliser la thérapie génique et d'utiliser des cellules transfectées secrétant le facteur de croissance désiré. Cependant, il est impossible de contrôler le niveau et la durée d'expression du gène [132, 133].

Les facteurs de croissance peuvent agir soit sur la prolifération cellulaire [134], soit sur leur différenciation, soit sur la synthèse de la MEC [134, 135]. Les facteurs de croissance sont des polypeptides de faible poids moléculaire ($6-30$ kDa) qui régulent la croissance et les fonctions cellulaires, grâce à leur fixation sur des récepteurs spécifiques de grande affinité. L'activation de la cellule se traduit par une activation de signaux transmembranaires, puis par une cascade de phénomènes cytoplasmiques et aboutit à la transcription des gènes spécifiques d'une ou de plusieurs protéines. A la différence des hormones secrétées à distance du tissu effecteur (sécrétion endocrine), les facteurs de croissance agissent généralement sur les cellules voisines (sécrétion paracrine), et leur concentration plasmatique est très faible. Certaines cellules ont des récepteurs pour leur propre production de facteurs de croissance (sécrétion autocrine).

Le terme "facteurs de croissance" n'est pas idéal pour décrire la fonction de ces polypeptides parce qu'ils ne favorisent pas uniquement la croissance cellulaire, mais aussi induisent les phénomènes de synthèse. Essentiellement, ils agissent en tant que régulateurs des activités cellulaires. En outre, ils peuvent avoir un même effet biologique. Les facteurs de croissance ne présentent pas des spécificités de synthèse ou d'activité : deux facteurs de croissance peuvent agir de manière semblable. En fait, leur action dépend des conditions physiologiques (état de la cellule, type cellulaire, présence de molécules d'intérêt biologique...) et des conditions physico-chimiques, mécaniques ainsi que de leur concentration. Ils sont capables d'autorégulation et peuvent sous ou sur-réguler l'expression de leurs récepteurs.

Le sérum de veau fœtal est une des premières sources de facteurs de croissance
in vitro ce qui le rend encore indispensable en culture cellulaire. Dans le sérum sont
retrouvées de nombreuses molécules essentielles telles que les acides aminés, les vi-
tamines, les protéines, les hormones, les lipides, les minéraux et les inhibiteurs de
différenciation. Néanmoins, le sérum utilisé en routine n'est pas idéal pour des applications médicales puisqu'il dérive de l'animal.

Les molécules utilisées pour stimuler la production de tissu osseux (BMP-2 et BMP-
7) ont prouvé leur efficacité chez l'homme dans des indications précises [136]. La
limite de ces facteurs de croissance est qu'ils pourraient entraîner une prolifération
cellulaire non contrôlée si leur diffusion n'est pas maîtrisée [137]. Des systèmes de
couplage et de libération locale et programmée ont ainsi été mis au point [138].

2. Les facteurs mécaniques

Les facteurs physiques du microenvironnement cellulaire local dont la forme et la
géométrie de la cellule, les mécaniques matricielles, les forces mécaniques extérieures,
et les caractéristiques nano-topographiques de la MEC peuvent tous avoir une forte
influence sur le devenir des cellules souches [139]. Les cellules souches détectent et
répondent à ces signaux biophysiques insolubles (figure 1.21).

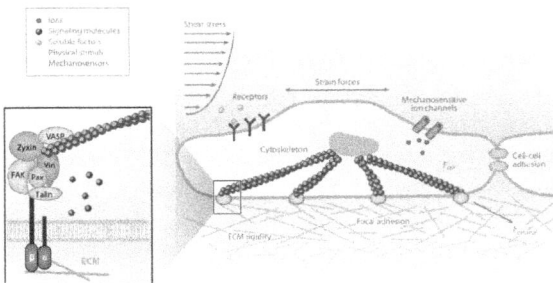

Figure 1.21 – Les différents signaux biophysiques et les complexes d'interactions
moléculaires de la MEC. Les signaux biophysiques comprennent la rigidité et la topographie de la matrice, la contrainte de cisaillement, les forces de contrainte, et
d'autres forces mécaniques exercées par les cellules de soutien adjacentes (en bleu).
Les cellules souches peuvent détecter ces stimuli biophysiques grâce à des méca-
norécepteurs comme les canaux ioniques, les adhérences focales, les récepteurs de
surface cellulaire, le cytosquelette d'actine et les adhésions cellule-cellule (en rouge).
Un agrandissement de la structure d'adhésion focale est également représenté, comprenant des intégrines hétérodimèriques transmembranaires, la paxilline (Pax), la
taline, la kinase d'adhésion focale (FAK), la vinculine (Vin), la zyxine, et un vaso-
dilatateur stimulé par une phosphoprotéine (VASP) [139].

Ces processus de mécanotransduction peuvent s'associer à des facteurs de croissance
influençant les voies de signalisation pour réguler le devenir des cellules souches. Dif-

férents outils de bioingénierie et des dispositifs microscopiques/nanométriques ont
été développés avec succès pour percevoir les aspects physiques du microenvironnement cellulaire nécessaires aux cellules souches. Ces outils et dispositifs se sont
révélés extrêmement utiles pour identifier les facteurs physiques extrinsèques et leurs
voies de signalisation intracellulaires qui contrôlent les fonctions des cellules souches.

Les signaux mécaniques qui affectent la croissance et le développement de tissu
natif *in vivo* jouent le même rôle pendant la culture de tissu *in vitro*. L'application
de contrainte peut modifier le développement de tissu, en augmentant le transport
de masse des nutriments ou en stimulant directement les cellules.

a. Les contraintes mécaniques

Les contraintes mécaniques peuvent moduler la physiologie des cellules, et améliorer
ou accélérer la régénération de tissu et la réparation *in vitro*. Les contraintes d'étire-
ment, avec des élongations et des fréquences différentes ont un effet sur l'alignement,
la morphologie, les modifications cellulaires du cytosquelette, la prolifération, et la
synthèse protéique de différents types cellulaires [140, 141]. L'organisation des cellules dans le tissu reconstruit et la qualité de la MEC sont des paramètres importants
pour le maintien des propriétés mécaniques du tissu. Comme les cellules et les tissus
sont soumis à diverses formes de stimulations mécaniques *in vivo* [142, 143], des systèmes *in vitro* ont été développés pour étudier ce phénomène dans un environnement
contrôlé [144].

Trois forces agissent sur le substitut : une force axiale, une force transversale et
une force de cisaillement (figure 1.22). Ces trois forces changent avec l'orientation
des cellules, mais elles peuvent être calculées pour toutes les orientations [145].

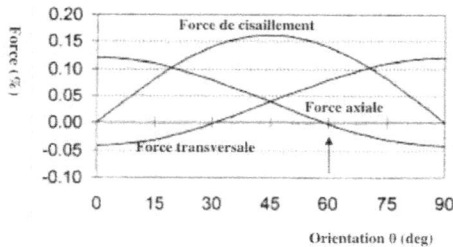

Figure 1.22 – Courbes théoriques des forces agissant sur le substrat (axiale, transversale et cisaillement) en fonction de l'orientation [145].

b. Le bioréacteur

Les bioréacteurs *ex vivo* sont définis comme des dispositifs dans lequels les processus biologiques et/ou biochimiques ont lieu dans des conditions de fonctionnement environnementales surveillées et programmées (ex : pH, température, pression, apport nutritif et élimination des déchets) [146,147]. Construire un tissu en condition *ex vivo* dans un bioréacteur offre plusieurs perspectives comme une meilleure compréhension du développement du tissu et des mécanismes pathologiques [148] (figure 1.23). Différents systèmes commerciaux de bioréacteurs sont disponibles. Altman et ses collaborateurs [149] ont développé un bioréacteur capable d'appliquer une combinaison de trois contraintes : la compression, la torsion et la tension pour imiter les conditions de charge physiologiques. Ils ont montré également que l'application des contraintes mécaniques multidimensionnelles aux cellules stromales de moelle osseuse dans un gel de collagène augmente les marqueurs fibroblastiques du ligament (collagène types I et III et la ténascine-C) [149].

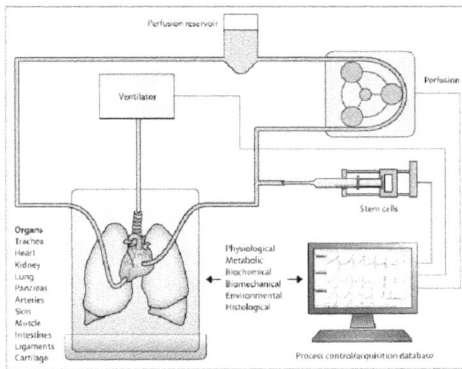

Figure 1.23 – Les éléments clés d'un bioréacteur [148].

Le rôle des bioréacteurs, en appliquant les forces mécaniques aux constructions 3D, a pu être élargi au-delà de l'approche conventionnelle en induisant la différenciation de cellules et/ou le dépôt de MEC dans les tissus reconstruits [150]. Par exemple, ils ont pu également servir de modèle *in vitro* pour étudier les effets physiopathologiques des forces mécaniques sur les tissus en développement, et pour prévoir les réponses d'un tissu aux forces physiologiques lors de l'implantation chirurgicale. En plus de la caractérisation biomécanique, les bioréacteurs pourraient aider à définir le niveau d'intégrité mécanique du néo-tissu avant son implantation [151,152].

Une des dernières avancées dans le domaine de l'ingénierie tissulaire, est l'utilisation de biomatériaux synthétiques pour créer des microenvironnements qui miment la MEC naturelle, et ceci dans le but de diriger la différenciation des cellules souches et la morphogénèse des tissus cibles [153, 154]. Concernant les cellules souches, la coculture avec des cellules matures ou des tissus est de plus en plus utilisée comme un moyen pour guider leur différenciation vers le lignage requis [155–157].

1.1.4   Les applications de l'ingénierie tissulaire

La première application mondiale du génie tissulaire est une transplantation d'épiderme sur un grand brûlé réalisée par l'équipe de Howard Green, à Boston en 1983 [12, 13]. Le traitement des grands brûlés consiste à prélever une petite superficie de peau saine, à la cultiver *in vitro* et à la greffer par la suite sur le même patient. Depuis plusieurs années les grands brûlés peuvent être soignés de cette façon mais la technique doit être améliorée afin de fabriquer un tissu qui réunirait toutes les caractéristiques de la peau d'origine. En plus du domaine cutané, les chercheurs veulent étendre cette thérapie par ingénierie tissulaire à d'autres domaines :

* Orthopédique avec le remplacement ou la réparation du cartilage, du tissu osseux ou encore des ligaments

* Vasculaire avec la reproduction des trois couches distinctes des vaisseaux sanguins

* Pneumologique avec la reproduction des structures bronchiques à des fins expérimentales

* Cornéen avec la reconstruction de cornée humaine

* Construction de néo-organes comme le cœur, le foie ou encore la vessie

La finalité de l'ingénierie tissulaire est essentiellement clinique mais également expérimentale, intéressant les chercheurs qui travaillent dans les domaines de la physiologie, de la pathologie et de la pharmacologie. Les organes créés grâce à cette technique sont proches des tissus d'origine et permettent ainsi de tester des produits sans risques pour les humains [158].

1.2   Les hydrogels comme biomatériaux prometteurs pour l'ingénierie tissulaire

1.2.1   Les gels de polymères

Les premiers travaux portant sur les systèmes de polymères ont débuté en 1805 avec une série d'expériences menées par Gouth sur les matériaux caoutchoutés qui se contractent lors de leur chauffage [159, 160]. La mise en évidence de ce comportement s'oppose à celui de la majorité des matériaux (solides, gaz ou liquides) qui ont tendance à se dilater en fonction de la température.

Un gel est constitué par un réseau tridimensionnel de chaînes de polymères dans un solvant. Lorsque le solvant est l'eau, les gels sont souvent appelés "hydrogels".

Les gels de polymères sont un état particulier de la matière, car ils ont à la fois les propriétés types des solides et des liquides. Après la réticulation chimique ou physique, les chaînes de polymères individuelles perdent leur identité et s'organisent en réseau interconnecté tridimensionnel. La combinaison des propriétés élastiques et fluidiques font d'eux de bons candidats pour des applications dans de nombreux domaines tels que : les produits pharmaceutiques, la biotechnologie, l'agriculture, la transformation des aliments et l'électronique.

Les propriétés mécaniques des gels sont similaires à celles des caoutchoucs. Ils possèdent une très grande capacité à se déformer tout en étant capables de revenir à leur état initial. Le processus de gonflement/dégonflement est donc réversible (figure 1.24). Certains de ces gels sont dits "intelligents" et leur propriété de gonflement et de dégonflement dépend des conditions environnementales telles que la pression, la température, le pH ou la qualité du solvant. Les chaînes de polymères peuvent alors soit se repousser et le système gonfle, soit se contracter et le système tout entier dégonfle.

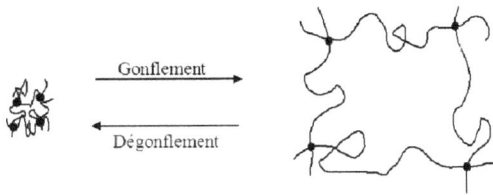

Figure 1.24 – Illustration du principe de gonflement et dégonflement d'un réseau de polymères.

Les gels de polymères peuvent être classés en trois catégories en fonction de l'origine du polymère : naturels, artificiels ou synthétiques.

∗ **Les polymères naturels ou biopolymères** : sont synthétisés par les organismes vivants (végétaux, animaux et micro-organismes). Les polysaccharides sont les polymères les plus utilisés (ex : cellulose, lignine, chitosane). D'autres familles sont à citer, dont celles formées à partir des protéines dérivées de tissus animaux (ex : collagène, gélatine) ou d'élastomères hydrocarbonés produits par les plantes (ex :

caoutchouc naturel).

* **Les polymères artificiels ou polymères biosynthétiques** : résultent de la modification chimique d'un polymère naturel (ex : acétate de cellulose, galalithe).

* **Les polymères synthétiques ou polymères chimio-synthétiques** : sont préparés par polymérisation de molécules monomères. Leur fabrication repose sur une polymérisation de monomères naturels ou identiques aux naturels (ex : polyester, téflon, silicone).

Les gels de polymères naturels, tels que l'alginate et le collagène sont utilisés dans des applications d'ingénierie tissulaire en raison de leur biocompatibilité. Mais ils présentent de nombreux inconvénients comme des variations de lot à lot, un potentiel rejet de greffe ou une réponse indésirable de l'hôte [161]. Concernant les gels synthétiques, ils sont relativement abondants, faciles à caractériser et reproductibles. La majorité des gels de polymères synthétiques sont formés par réticulation covalente de macromolécules linéaires ou ramifiées en utilisant des agents de réticulation multifonctionnels [162]. L'état de gel est obtenu lorsque la masse molaire du réseau en cours de formation tend vers l'infini ce qui signifie que les molécules du réseau s'étendent tout le long de la matière formée. Actuellement, un intérêt considérable est porté sur l'utilisation de polymères synthétiques, en particulier les hydrogels, pour des applications médicales et biomédicales. Le tableau 1.1 montre l'augmentation de la production mondiale de polymères biodégradables depuis 1990.

Année Nature	1990	1995	2000	2002	2007
Polymères d'origine pétrochimique	100	5000	23 000	33 000	75 000
Polymères issus des ressources renouvelables	350	13 200	26 000	221 000	420 000
TOTAL	450	18 200	49 000	254 000	495 000

Tableau 1.1 – Evolution de la capacité de production des polymères biodégradables (en tonnes) (IBAW ; International Biodegradable Polymers Associations and Working Groups).

1.2.2   L'état de l'art sur les hydrogels

Ces dernières années, le développement de nouveaux biomatériaux et leur implication dans des problèmes médicaux ont considérablement amélioré le traitement d'un grand nombre de maladies [163–165]. Les biomatériaux tels que les polymères, les céramiques et les métaux ont été utilisés pendant de nombreuses années dans les applications médicales. En plus des 40 000 préparations pharmaceutiques en usage, il est estimé qu'il y a actuellement plus de 8000 dispositifs médicaux et 2500 produits de diagnostic qui emploient des biomatériaux dans diverses applications médicales [165]. Malgré l'utilisation répandue des matériaux en médecine, de nombreux biomatériaux n'ont pas les propriétés fonctionnelles souhaitées à l'interface avec les systèmes biologiques. Ces lacunes sont à l'origine du développement croissant de nouveaux matériaux. Les polymères hydrophiles, et en particulier leurs formes réticulées, connus sous le nom d'hydrogels, sont une classe de biomatériaux qui ont démontré un grand potentiel pour des applications biologiques et médicales.

Depuis les travaux pionniers de Wichterle et Lim en 1960 sur les hydrogels réticulés à base d'hydroxyéthyle de méthacrylate (HEMA) [166], et en raison de leur caractère hydrophile et biocompatible, les hydrogels ont été d'un grand intérêt dans le domaine des biomatériaux depuis de nombreuses années [167, 168]. Par la suite, le travail important et influent de Lim et Sun en 1980 [169] a démontré l'intérêt d'utiliser des microcapsules d'alginate de calcium pour l'encapsulation des cellules. Plus tard, dans les années 1980, Yannas et ses collaborateurs [170] ont incorporé des polymères naturels tels que le collagène ou le cartilage de requin dans les hydrogels pour les utiliser comme pansements artificiels pour les brûlures. Les hydrogels à base de polymères naturels et synthétiques ont continué à être développés pour l'encapsulation de cellules [171, 172] et récemment de tels hydrogels sont devenus particulièrement prometteurs dans le domaine de l'ingénierie tissulaire, utilisés comme matrices pour la réparation et la régénération d'une grande variété de tissus et d'organes [173, 174].

Au cours des dix dernières années, des avancées sont apparues dans les domaines de la science des matériaux structurés et intelligents et des propriétés des nanomatériaux. La variété de structures chimiques associée au contrôle précis de l'architecture et de la morphologie moléculaire explique les nombreuses utilisations des polymères pour des applications biologiques et de technologie de pointe. Les récents hydrogels développés ont la capacité de répondre à des stimuli environnementaux internes ou externes tels que la température, le pH, les ultra-sons, les champs électriques ou les champs magnétiques (tableau 1.2). Les hydrogels sont ainsi contrôlables et programmables en vue d'être utilisés pour diverses applications biomédicales. Les hydrogels sont utilisés comme lentilles de contact, membranes pour les biocapteurs, matériaux pour la peau artificielle et systèmes de délivrance de médicaments [175]. Récemment, l'équipe de Varghese a développé un hydrogel intelligent et auto-cicatrisant qui ouvre de nouvelles possibilités pour la médecine et l'ingénierie [176]. Ce matériau présente de nombreuses applications potentielles, telles que : des sutures médicales, l'administration ciblée de médicaments, des produits d'étanchéité industrielle, ou des plastiques auto-réparateurs [176]. L'objectif de leur travail a été d'imiter l'auto-réparation dans les tissus synthétiques, avec des matériaux tels que l'hydrogel. L'essor de l'utilisation des hydrogels est mis en évidence par le nombre croissant de publications dans ce domaine entre 1970 (50) et 2010 (1000).

La médecine régénératrice comme l'ingénierie tissulaire ou les systèmes de délivrance de produits thérapeutiques ont besoin de matériaux. Depuis longtemps, les hydrogels bénéficient d'une grande attention en raison de leurs similitudes de composition et de structure avec la MEC. Beaucoup de types d'hydrogels avec des propriétés chimiques et physiques très différentes ont été développés au cours des dernières décennies et cela à partir d'une grande variété de blocs de construction chimiques et en utilisant une large gamme de techniques de synthèse.

1.2.3   La classification des hydrogels

Deux niveaux de classification peuvent coexister concernant l'identification des hydrogels. Une première classification est faite en fonction de l'origine de l'hydrogel et l'autre classification a été décrite selon le type d'interaction à l'origine de la formation de l'hydrogel.

1. La classification selon l'origine de l'hydrogel

Les hydrogels sont essentiellement classés comme des gels naturels ou synthétiques en fonction de leur origine. Les tableaux 1.3, 1.4 et 1.5 énumèrent quelques-uns des polymères naturels et des monomères synthétiques à partir desquels les hydrogels peuvent être préparés. Les hydrogels à base de polymères naturels ont été largement utilisés pour des applications d'ingénierie tissulaire, mais il existe certaines limites telles que les propriétés physiques et des variations liées aux lots. Dans les deux dernières décennies, ces contraintes ont motivé les chercheurs à modifier les polymères naturels ainsi qu'à utiliser des polymères synthétiques pour préparer des hydrogels. Les monomères synthétiques utilisés en ingénierie tissulaire englobent, entre autres, le polyéthylène glycol (PEG), le polyalcool vinylique (PVA), et les polyacrylates tels que le poly 2-hydroxyéthyl méthacrylate (PHEMA). Les hydrogels biologiques sont formés à partir d'agarose, d'alginate, de chitosane, d'acide hyaluronique, de fibrine, de collagène et bien d'autres encore [178, 179].

Stimuli	Polymer	Drug
Magnetic field	Ethylene-co-vinyl acetate (EVAc)	Insulin
Ultrasonic radiation	EVAc, Ethylene-co-vinyl alcohol	Zinc bovine insulin, insulin
Electric field	Poly(2-hydroxyethyl-methacrylate) (PHEMA)	Propranolol hydrochloride
Glucose	EVAc	Insulin
Urea	Methyl vinyl ether-co-maleic anhydride	Hydrocortisone
Morphine	Methyl vinyl ether-co-maleic anhydride	Naltrexone
Antibody	Poly(ethylene-co-vinyl acetate)	Naltrexone, ethinyl estradiol
pH	Chitosan-poly (ethylene oxide) (PEO)	Amoxicillin, metronidazole
	Poly(acrylic acid) :PEO	Salicylamide, nicotinamide, clonidine hydrochloride, prednisolone
	Gelatin-PEO	Riboflavin
	PHEMA	Salicylic acid
	Poly(acrylamide-co-maleic acid) glycol diacrylate, chitosan	Terbinafine hydrochloride
	N-vinyl pyrrolidone, polyethylene	Theophylline, 5-fluorouracil
Temperature	Poly(N-isopropyl acrylamide)	Heparin
pH and temperature	Poly(N-isopropyl acrylamide-co-butyl methacrylate-co-acrylic acid)	Calcitonin

Tableau 1.2 – Hydrogels stimuli-sensibles pour la délivrance de médicaments [177]

Monomères	Structure	Caractère	Ionicité
Méthacrylates d'hydroxyallkyle	$H_2C=C(CH_3)CO_2ROH$	Hydrophile	Non Ionique
Acrylamide N-substitués	$H_2C-CHCONHR$	Hydrophile	Non Ionique
Méthacrylamide N-substitués	$H_2C=C(CH_3)CONHR$	Hydrophile	Non Ionique
Acétate de vinyle	$CH_3CO_2CH=CH_2$	Hydrophobe	Non Ionique
Acrylonitrile	$H_2C=CHCN$	Hydrophobe	Non Ionique
Styrène	$C_6H_5CH=CH_2$	Hydrophobe	Non Ionique
Acide acrylique	$H_2C=CHCO_2H$	Hydrophile	Anionique
Acide méthacrylique	$H_2C=C(CH_3)CO_2H$	Hydrophile	Anionique
Acide crotonique	$CH_3CH=CHCO_2$	Hydrophile	Anionique
Méthacrylate d'aminoéthyle	$CH_3=C(CH_3)CO_2CH_2CH_2NH_2$	Hydrophile	Cationique

Tableau 1.3 – Monomères utilisés pour la synthèse d'hydrogels [180].

Polymère	Charge
Agarose	Non Ionique
Amylose	Non Ionique
Alginate	Anionique
Acide hyaluronique	Anionique
Chitosane	Cationique
Cellulose	Non Ionique
Héparine	Anionique
Gélatine	Ampholytes
Albumine	Ampholytes

Tableau 1.4 – Polymères naturels préformés utilisés pour la synthèse d'hydrogels [180].

Polymère	Structure	Ionicité
Poly (éthylène glycol)	$H(OCH_2CH_2)_nOH$	Non Ionique
Poly (éthylène oxyde)	$-(CH_2CH_2O-)_n-$	Non Ionique
Poly (propylène oxyde)	$H(OCH(CH_3)CH_2)_nOH$	Non Ionique
Acide polylactique	$-(OCHCH_3CO)_n-$	Non Ionique
Poly (cyanoacrylate)	$(CH_2CNCOORC)_n-$	Non Ionique
Poly (vinyl alcool)	$(CH_2CH(OH)-)_n-$	Non Ionique
Poly (éthylène imine)	$H(NHCH_2CH_2)_nNH_2$	Cationique
Polypeptides	$-(NHCHRCO)_n-$	Ampholytes

Tableau 1.5 – Polymères synthétiques préformés utilisés pour la synthèse d'hydrogels [180].

2. La classification selon le type d'interaction

Les hydrogels peuvent également être classés selon le type d'interaction entre les chaînes de polymères qui peut être chimique ou physique (figure 1.25).

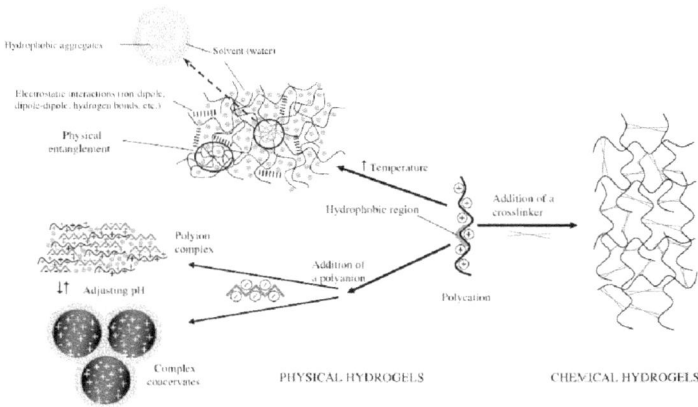

Figure 1.25 – Présentation des mécanismes de formation des hydrogels physiques et chimiques [181].

a. Les interactions fortes : les hydrogels chimiques

Les hydrogels dits chimiques ou permanents sont des réseaux réticulés de manière covalente obtenus par réticulation des polymères solubles dans l'eau ou par conversion de polymères hydrophobes en polymères hydrophiles. Parfois, dans ce dernier cas la réticulation n'est pas nécessaire [182] (figure 1.26).

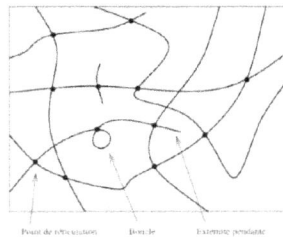

Figure 1.26 – Illustration de la structure d'un gel chimique réticulé [183].

Les nœuds de réticulation sont permanents (irréversibles) ou thermodurcissables ce qui signifie que les liaisons ne se rompent pas à des températures élevées et donc qu'elles ne se reforment pas à des températures inférieures. La réticulation chimique peut être obtenue par polymérisation radicalaire, réaction chimique de groupes complémentaires, photopolymérisation ou par réticulation enzymatique. La polymérisation radicalaire comprend la réticulation de monomères de faible poids moléculaire, en présence d'agents de réticulation. L'autre technique couramment utilisée pour la réticulation des gels chimiques est l'irradiation à haute énergie ou la photopolymérisation. La photopolymérisation utilise la lumière visible ou les ultraviolets (UV) pour interagir avec des composés sensibles à la lumière appelés "photo-initiateurs" et ainsi créer des radicaux libres qui peuvent initier la polymérisation pour former des hydrogels réticulés [181, 184]. La photopolymérisation présente plusieurs avantages tels qu'un durcissement rapide, un contrôle spatial et temporel au cours de polymérisation et une production de chaleur minimale [185]. L'avantage le plus important est la possibilité de former des hydrogels *in situ* à partir de précurseurs aqueux, de manière peu invasive.

La réticulation covalente d'hydrogels est également réalisée en utilisant un rayonnement de haute énergie, comme les irradiations gamma [186] ou les irradiations d'électrons [187–189]. Contrairement aux hydrogels photopolymérisés, les hydrogels irradiés n'ont pas besoin de photo-initiateurs dont la toxicité peut être mise en question pour les applications cliniques. Le réseau tridimensionnel obtenu est insoluble indépendamment du type de solvant. En revanche, la compatibilité avec le solvant et le taux de gonflement dépendent de la concentration et de la nature des nœuds de réticulation. Les hydrogels chimiques gonflent en absorbant des quantités de solvant plus ou moins importantes et ne sont pas influencés par les conditions environnementales (température, pH, concentration, etc...). Deux exemples de gels chimiques : les hydrogels synthétiques de Wichterle et Lim [166] basés sur la copolymérisation de l'HEMA avec l'éthylène glycol diméthacrylate (EGDMA) réticulant et le dextrane dissous dans l'eau avec de l'acrylate de glycidyle étudié pour la délivrance de médicaments, de protéines et d'agents d'imagerie [190]. La figure 1.27 représente la réticulation chimique par copolymérisation d'un monomère avec un agent de réticulation pour synthétiser un hydrogel.

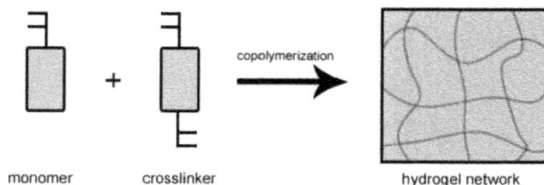

monomer   crosslinker   hydrogel network

Figure 1.27 – Représentation schématique de la formation d'un hydrogel synthétique par copolymérisation de monomères [190].

Les propriétés de solubilité de polymères hydrosolubles sont dues à la présence de groupes fonctionnels (principalement OH, COOH et NH_2). Les liaisons covalentes entre les chaînes de polymères peuvent être mis en place par la réaction de ces groupes fonctionnels, s'ils ont une réactivité complémentaire [191, 192].

Les hydrogels chimiques sont employés comme vecteurs macroscopiques ou microscopiques pour la libération locale de principe actif sans aucun stimulus. Ces hydrogels sont nécessairement biodégradables et biocompatibles afin que le tissu hôte puisse les éliminer sans complications. La biodégradabilité est apportée par des polymères comme la gélatine ou les polypeptides et la biocompatibilité est généralement retrouvée chez des polymères PEG ou PEO (Polyéthylène oxide) [193, 194]. En effet, lors de l'hydrolyse, ces hydrogels vont se dégrader en dérivés PEG de faible poids moléculaire, qui pourront être facilement éliminés par l'organisme. Les applications de ces hydrogels s'étendent des produits courants (gel douche) aux dispositifs thérapeutiques de pointe (anti-cancéreux). Le mimétisme de l'hydrogel avec les tissus biologiques permet à ces biomatériaux d'être utilisés comme implants [195] et leur caractère hydrophile leur permet d'être utilisable comme support de culture cellulaire. Par exemple, Mosahebi et ses collaborateurs [196] ont étudié la régénération neuronale et ont montré une prolifération de 170 % pour les cellules de Schawnn cultivées sur un hydrogel d'alginate. Il faut également citer Schlegel qui a démontré l'efficacité de la forme hydrogel pour l'encapsulation et la délivrance de médicaments [197]. Lors de cette étude, le traitement du cancer de la prostate par l'implantation d'hydrogel chargé d'histreline (analogue synthétique de la gonadoréline) s'est révélé être efficace pour 92 % des patients traités.

Dans les années 1990, les hydrogels chimiques ont connu une grande ascension avec l'essor des matrices hydrophiles. Pour exemple, les travaux de Gayet [198] ont abouti à la conception d'une matrice d'hydrogel très hydratée à base de PEG et de BSA permettant d'immobiliser des enzymes (phosphatase acide, asparaginase, glutaminase). Dans cette étude ils ont montré que la libération de molécules de 180 à 14400 Da pouvait se faire par diffusion Fickienne [199]. Cette diffusion se produit lorsque la vitesse de relaxation des chaînes de polymères est supérieure à celle de la diffusion de l'eau. *In vivo*, le constat est différent, les hydrogels implantés diffusent moins car ils sont isolés par une capsule fibreuse qui empêche les échanges avec l'hôte. Le rapport surface/volume est un paramètre important à identifier avant de choisir l'aspect du biomatériau. Plus la surface de contact est grande et le volume petit, meilleure sera l'interconnexion entre le substitut et l'environnement biologique [200].

Malgré les nombreuses applications mises en œuvre, un problème récurrent limite l'emploi des gels chimiques. La réticulation chimique utilise des agents de réticulation qui peuvent être toxiques et affectés l'intégrité des cellules ou des protéines qui doivent être encapsulées dans ces hydrogels. Etant incompatible avec le vivant, il est donc indispensable de supprimer l'agent réticulant avant d'utiliser l'hydrogel dans les systèmes biologiques. Au cours des dernières années, cela a conduit les chercheurs à s'orienter vers les gels physiques.

b. Les interactions faibles : les hydrogels physiques

Les hydrogels dits "physiques" ou "réversibles" sont nommés ainsi lorsque les réseaux sont maintenus par des nœuds de réticulation transitoires (réversibles) de faible énergie [201, 202]. En effet, l'énergie nécessaire pour la structuration de l'hydrogel est finie et les valeurs avoisinent celle de l'agitation thermique. L'état thermodynamique et mécanique du gel agissent directement sur le nombre et la force des nœuds de réticulation (figure 1.28).

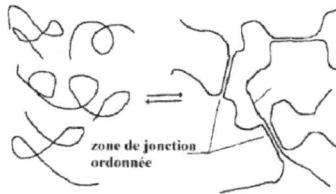

Figure 1.28 – Illustration de la formation et de la structure d'un gel physique [183].

La gélification est réversible pour de tels systèmes, ainsi l'association et la dissociation des chaînes polymères sont fonction des conditions environnementales. Les interactions entre les chaînes de polymères sont régies par des liaisons de type "association" ou de type "transition de phase" [203, 204].

Les liaisons d'association :

- Interactions coulombiennes
- Interactions dipôle/dipôle
- Liaisons hydrogènes
- Liaisons hydrophobes
- Liaisons de Van der Waals

Les liaisons de transition de phase :

- Interactions de type colloïdales
- Zones cristallines ou vitreuses
- Enchevêtrements

Les gels physiques sont maintenus par des enchevêtrements moléculaires et/ou par des interactions ioniques [205], les liaisons hydrogène [206, 207], la cristallisation [208], les interactions hydrophobes [209] et les interactions de protéines [210].

Ces gels ne sont pas homogènes, puisque des agrégats d'enchevêtrements moléculaires ou des domaines associés hydrophobes ou ioniques peuvent créer des inho-

mogénéités. Une autre caractéristique des gels physiques est leur sensibilité à des
stimuli imposés par l'environnement qui les entoure tels que la température, le pH
ou la présence d'électrolyte [211]. Ces gels sont semblables aux hydrogels chimiques
à l'exception d'importantes variations de leur volume en réponse à des changements
de pH, température, champ électrique ou lumière. Les hydrogels sensibles à la température sont également appelés thermogels [212, 213]. En fonction de l'environnement
externe, les hydrogels sensibles aux stimuli affichent des changements de comportement de gonflement et de structure du réseau.

Les systèmes conventionnels de délivrance contrôlée ne peuvent pas réagir face à
des dérégulations métaboliques telles que le diabète ou les troubles cardiaques. Par
contre, un système inductible permet la libération du principe actif en réponse à
un stimulus spécifique. Les premiers hydrogels performants dits "intelligents" ont
été utilisés comme muscle artificiel [214] ou comme matrice intégrant des enzymes
ou des cellules [175, 215, 216]. Les dernières évolutions dans le développement et les
applications de gels polymères intelligents ont été décrites par Kopecek et ses collaborateurs [217] et concernent les biomatériaux hybrides qui sont créés à partir de
systèmes composés d'au moins deux classes distinctes de molécules, par exemple,
des macromolécules synthétiques et des protéines ou des domaines peptidiques. La
combinaison synergique de deux types de structures peut produire de nouveaux
matériaux qui possèdent des niveaux d'organisation structurelle et des propriétés
nouvelles. Ces systèmes sont axés sur l'auto-assemblage de macromolécules hybrides
en hydrogel fonctionnel [176, 217]. Dernièrement un bilan a été dressé concernant
les récents progrès touchant le domaine des polymères biodégradables de type thermosensibles et pH/température sensibles [218]. Les hydrogels à base de copolymères
injectables et biodégradables présentent une transition de phase sol-gel, en réponse à
des stimuli externes, tels que des changements de température ou des modifications
à la fois de pH et de température (pH/température). Ces hydrogels ont trouvé un
certain nombre d'utilisations dans des applications biomédicales et pharmaceutiques
car ils sont largement compatibles avec le vivant. Dans le cas de simples formulations
pharmaceutiques, les gels peuvent être préparés en mélangeant l'hydrogel avec des
médicaments, des protéines ou des cellules et peuvent être administrés facilement de
manière directe sur un site spécifique.

(1) Les hydrogels thermosensibles

La température étant un paramètre facilement modifiable, et ce de manière non
invasive, les hydrogels thermosensibles sont donc particulièrement intéressants pour
des applications médicales. Ces hydrogels changent de phase et se structurent lorsqu'ils sont exposés à une température critique (figure 1.29). Un polymère se caractérise par sa température critique basse en solution (LCST), correspondant à la

température maximale au-dessous de laquelle le gel est soluble. La présence de groupements hydrophobes va rendre le polymère insoluble sous l'action d'un changement de température. La structuration du gel repose sur une augmentation des interactions hydrophobes et une diminution des liaisons hydrogène. Les liaisons étroitement établies entre les chaînes de polymères vont entraîner l'expulsion de l'eau du réseau et le rétrécissement du gel. Les hydrogels thermosensibles ne possèdent pas de liaisons covalentes et sont caractérisés par une transition sol-gel [219, 220].

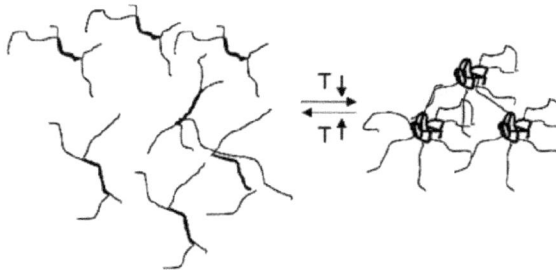

Figure 1.29 – Mécanisme de gélification d'un Poloxamère-g-Polyacide acrylique [220].

La phase sol est définie comme un courant de fluide, tandis que la phase gel est non coulante sur une échelle de temps d'expérimentation, tout en maintenant son intégrité. Au-dessus de la concentration critique (concentration critique de gel, CCG) d'un polymère, la phase de gel apparaît. La CCG est le plus souvent inversement proportionnelle à la masse moléculaire du polymère utilisé. Le développement de jonctions physiques dans le système est considéré comme une des conditions préalables à la détermination de la gélification. La gélification de solutions de polymères organiques ou aqueux produite par divers mécanismes a été longuement examinée et résumée par Guenet [221] et Finch [222].

Moghimi et Hunter [223] se sont intéressés à des copolymères à base de PEO et d'oxyde de polypropylène et en particulier le Poloxamère-407. Ce polymère est utilisable pour des applications *in vivo* répondant aux critères de biocompatibilité et de biodégradabilité. L'étude a montré que le Poloxamère-407 (liquide à 4°C), se gélifie *in situ* en site sous cutané. Le gel formé est capable de libérer lentement des agents bactériostatiques et bactéricides encapsulés. L'avantage d'utiliser des hydrogels physiques dans le domaine de la biologie a largement été démontré [220, 224–227].

Le biomatériau utilisé dans le cadre du travail de ma thèse est un hydrogel physique à base de GNF (Glycosyl-Nucléoside-Fluoré), composés amphiphiles de type associatif. Cet hydrogel possède une composante majoritaire hydrophile et une composante hydrophobe. Il s'agit d'un hydrogel physique de type thermosensible dont l'originalité repose sur la transition sol-gel qui a lieu lorsque la température avoisine les 37°C. En effet, la plupart des thermogels se gélifient lorsque la température augmente, alors que le gel de GNF est obtenu par abaissement de température. Cette caractéristique permet d'envisager de potentielles applications cliniques.

(2) Les hydrogels pH-sensibles

Tous les polymères sensibles au pH contiennent des groupes pendants acides (ex : acides carboxyliques et sulfoniques) ou basiques (ex : sels d'ammonium) qui peuvent accepter ou libérer des protons, en réponse à des changements de pH dans l'environnement. La caractéristique pH-sensible associée à des changements de solubilité est une propriété courante des biopolymères. Les hydrogels formés à partir de polymères naturels sont particulièrement sensibles aux variations de pH [219, 228]. Les polymères pH-sensibles sont composés de groupements ionisables qui peuvent accepter ou céder des protons. Les polymères ionisés sont connus sous le nom de polyélectrolytes. Les hydrogels composés de polyélectrolytes présentent des différences dans leur propriété de gonflement en fonction du pH environnant (figure 1.30).

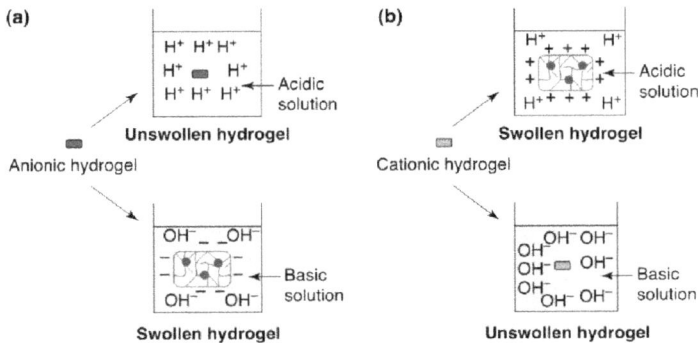

Figure 1.30 – Le gonflement sensible au pH d'hydrogels anionique (a) et cationique (b) [177].

L'ionisation des groupes acides ou basiques des polyélectrolytes est identique à celle des groupes acides ou basiques des monoacides ou monobases. Néanmoins, les effets électrostatiques causés par des groupes ionisés adjacents rendent l'ionisation des polyélectrolytes plus difficile. Une constante de dissociation (Ka) est attribuée aux polyélectrolytes comme pour les monoacides ou les monobases. Les répulsions électrostatiques entre les charges des polymères sont à l'origine du gonflement des hydrogels. La variation du gonflement de l'hydrogel est influencée par les forces électrostatiques et est donc directement dépendante du pH, de la force ionique et du type de zwitterion. Par conséquent, les groupements ionisés induisent un gonflement supérieur à celui obtenu lorsque les chaînes de polymères ne sont pas chargées.

Les hydrogels pH-sensibles sont utilisés dans le développement de formules administrées par voie orale. En exemple, le pH de l'estomac (pH : 3) est largement inférieur à celui des intestins (pH : 7.2), le choix du polymère est donc indispensable pour agir de manière ciblée [229]. Pour les hydrogels polycationiques, le gonflement est minime à pH neutre, empêchant ainsi la libération du médicament de l'hydrogel. Cette propriété a été utilisée pour limiter la libération de mauvais goût des médicaments dans l'environnement pH neutre de la bouche. Les hydrogels à base de polyanions (ex : PolyAcide Acrylique ou PAA) réticulés avec des liaisons azoaromatiques ont été développés pour la délivrance de médicaments spécifiques au côlon. Le gonflement de tels hydrogels dans l'estomac est faible et donc, la libération du médicament est également faible. A mesure que le gonflement augmente, l'hydrogel descend dans le tube intestinal à cause de l'augmentation du pH conduisant ainsi à l'ionisation des groupes carboxyliques. Mais, seulement dans le côlon, les liaisons azoaromatiques des hydrogels peuvent être dégradées par des azoréductases produites par la flore microbienne du côlon (figure 1.31) [230, 231].

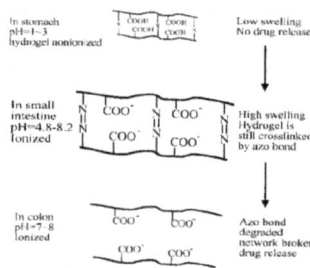

Figure 1.31 – Illustration de délivrance de drogue côlon-spécifique par voie orale utilisant des hydrogels biodégradables et pH-sensibles [231].

Pour résumer, les gels réticulés physiquement gagnent en attention. Parmi ces gels physiques, les hydrogels thermoréversibles sont les plus prometteurs car la transition sol-gel est modulable en fonction de la température. Que l'hydrogel soit de type chimique ou physique, des similitudes structurelles entre les réticulations physiques et chimiques dans le réseau de gel sont visibles, comme l'illustre la figure 1.32. Les deux niveaux de classification présentés ne sont pas les seuls, il existe de nombreux autres moyens de classer les hydrogels.

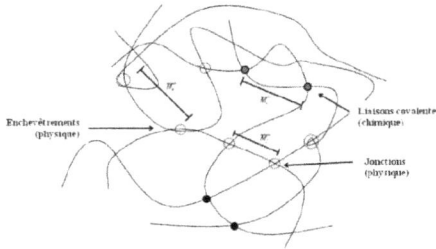

Figure 1.32 – Structure du réseau d'un hydrogel montrant les différents types de liaisons : les jonctions, les enchevêtrements et les liaisons covalentes. Tous les types de points de réticulation présentés ici ne sont pas nécessairement présents dans un hydrogel donné [232].

1.2.4 Les propriétés des hydrogels

Pour tout matériel, les propriétés physiques, chimiques et mécaniques jouent un rôle important dans la détermination de celles qui seront appropriées pour une application donnée. Toutefois, pour les hydrogels, ces propriétés sont fortement dépendantes des conditions environnementales. Les hydrogels ont une variété de propriétés, y compris leur capacité d'absorption, leur comportement de gonflement, leur perméabilité, leurs propriétés de surface, leurs propriétés optiques et leurs propriétés mécaniques qui rendent ces matériaux prometteurs pour une grande variété d'applications.

Les hydrogels, réseaux tridimensionnels à base d'homopolymères, de copolymères ou de macromères (chaînes macromoléculaires préformées) hydrophiles sont insolubles par la présence de nœuds de réticulation chimique ou physique et sont capables de gonfler avec une grande quantité de solvant (le plus souvent de l'eau). Les hydrogels peuvent absorber de 10 à 20 % (une limite basse arbitraire) jusqu'à des milliers de fois leur poids sec en eau. Les hydrogels forment un système flexible similaire à des tissus mous vivants. Ces polymères sont typiquement mous et élastiques en raison de leur compatibilité thermodynamique avec l'eau [233, 234].

1. Les propriétés structurales des hydrogels

La structure réticulée des hydrogels est caractérisée par les nœuds de réticulation formés à partir de liaisons chimiques fortes (comme les liaisons covalentes et ioniques), d'enchevêtrements physiques permanents ou temporaires et d'interactions faibles (telles que des liaisons hydrogène) [235]. Plusieurs possibilités ont été développées pour la réticulation et la formation du réseau d'hydrogel. Par exemple, des homopolymères et leurs mélanges peuvent être réticulés chimiquement avec du glutaraldéhyde pour former des réseaux de PVA ou de EGDMA à l'origine d'hydrogels de PAA. Les polymères[1] peuvent être préparés et combinés sous forme de mélanges, de copolymères ou de réseaux interpénétrés (IPN). Les hydrogels à base de mélanges peuvent être préparés par exemple par un procédé de congélation-décongélation, où le polymère non réticulé est à plusieurs reprises congelé et décongelé pour former un réseau réticulé [236, 237]. Les IPN peuvent être synthétisés par polymérisation séquentielle ou par réticulation d'un monomère en présence d'un réseau polymère déjà réticulé ou simultanément si deux chaînes de polymères sont polymérisées par des processus sensiblement différents. La morphologie du réseau tridimensionnel peut être de type amorphe, semi-cristalline, supramoléculaire ou composé d'agrégats hydrocolloïdes (macromolécules hydrosolubles) [235]. Les chaînes composant le réseau sont à base de combinaisons naturelles, synthétiques ou composites. La structure physique et les caractéristiques des hydrogels dépendent des monomères de départ, de la synthèse des macromères, des procédés de fabrication, des conditions de solvant, de la dégradation et du chargement mécanique.

Les hydrogels peuvent être neutres, cationiques, anioniques ou ampholytiques en fonction des groupes pendants incorporés dans le squelette du gel. Une grande partie du succès des hydrogels synthétiques en ingénierie tissulaire est due aux travaux effectués sur le PHEMA (gel neutre). Les structures moléculaires de certaines unités de répétition synthétiques neutres, généralement utilisées en ingénierie tissulaire, sont indiquées figure 1.33. Cependant, il a été démontré que l'ajout de charges au sein de gels synthétiques tendrait à faciliter l'adhésion cellulaire contrairement aux gels neutres. La tendance actuelle en médecine régénératrice est l'utilisation de gels de macromères naturels généralement ioniques ou ionisables. Il y a des différences entre les gels chargés et les gels neutres au niveau du transport de soluté et de l'adhésion de cellules et de protéines [238].

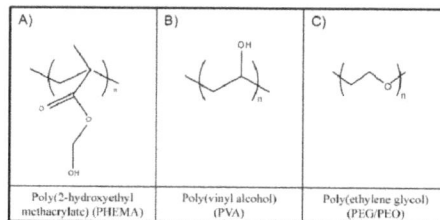

Figure 1.33 – Monomères synthétiques neutres fréquemment utilisés en ingénierie tissulaire [232].

Plusieurs paramètres moléculaires sont employés pour décrire quantitativement la structure du réseau d'hydrogel. Il s'agit de $v_{2,s}$: la fraction volumique du polymère à l'état gonflé (la quantité de polymères dans le gel) ; $\overline{M_c}$: la masse moléculaire moyenne comprise entre les réticulations et ξ : la mesure rattachée à la distance entre les nœuds de réticulation (le maillage). Les deux traitements théoriques utilisés pour décrire la structure du réseau des hydrogels et pour déterminer ces paramètres dérivent de la théorie du gonflement à l'équilibre et de la théorie de l'élasticité du caoutchouc [239]. Les gels de polymères ont une longueur de chaîne limitée à la distance entre deux nœuds de réticulation. Flory a comparé le gel à une solution de polymères semi-diluée et a ainsi pu décrire la structure des gels dans un solvant [159] (figure 1.34).

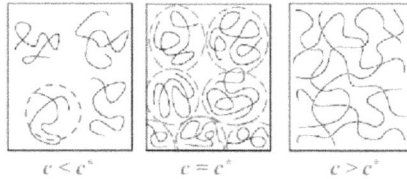

Figure 1.34 – Illustration de la structure d'une solution de polymères pour différentes concentrations. $C < C^*$: état dilué ; $C = C^*$: état semi-dilué non enchevêtré ; $C > C^*$: état semi-dilué enchevêtré.

Une solution de polymères est caractérisée par sa concentration C, qui correspond au nombre de monomères par unité de volume. Lorsque les chaînes interagissent entre elles, C^* définit un état de concentration critique et s'exprime selon la loi d'échelle de Gennes, avec R_F le rayon de giration et N le degré de polymérisation :

$$C^* = \frac{N}{R_F^3} \qquad (1.1)$$

La longueur de corrélation correspond à la distance moyenne entre enchevêtrement et remplace le rayon de giration en dépendant uniquement de la concentration en monomère et non du degré de polymérisation. Il est possible de classer les hydrogels en trois catégories selon la taille des particules dispersées. Pour une concentration de la solution inférieure à la concentration critique ($C < C^*$), une dispersion colloïdale se forme (état dilué). Dans le cas contraire ($C > C^*$), une gélification macroscopique se produit (état semi-dilué enchevêtré) et le gel est obtenu par réticulation intermoléculaire des chaînes de polymères.

2. Les propriétés de gonflement des hydrogels

Le comportement de gonflement des hydrogels biomédicaux dans les fluides biologiques peut être décrit par une variété de modèles théoriques. La prédiction du comportement de gonflement vise à anticiper la diffusion de soluté, la mouillabilité et la mobilité de surface ainsi que les propriétés optiques et mécaniques de l'hydrogel. Aucune théorie ne peut prédire le véritable comportement de gonflement, en raison de l'important caractère thermodynamique non-idéal du réseau de polymères en solution. Les analyses de Flory-Rehner peuvent être une alternative raisonnable pour étudier le gonflement des hydrogels ne contenant pas des groupements ioniques [240].

La théorie de Flory-Rehner réunit la théorie de thermodynamique et la théorie de l'élasticité. Cette combinaison indique qu'un gel de polymères réticulés, immergé dans un fluide et autorisé à atteindre l'équilibre avec son environnement est soumis uniquement à deux forces opposées : la force thermodynamique de mélange et la force de rétraction des chaînes polymères. A l'équilibre, ces deux forces sont égales. Cette situation physique est définie en fonction de l'énergie libre de Gibbs :

$$\Delta G_{\text{total}} = \Delta G_{\text{élastique}} + \Delta G_{\text{mélange}} \tag{1.2}$$

Ici $\Delta G_{\text{élastique}}$ est la contribution des forces élastiques de rétraction développées à l'intérieur du gel, et $\Delta G_{\text{mélange}}$ est le résultat du mélange spontané des molécules du fluide avec les chaînes polymères. La présence de groupements ioniques dans les hydrogels fait que l'analyse théorique du gonflement est beaucoup plus complexe.

En plus des contributions de $\Delta G_{\text{mélange}}$ et de $\Delta G_{\text{élastique}}$ dans l'équation 1.2, une contribution supplémentaire est à ajouter à la variation totale de l'énergie libre de Gibbs et cela en raison de la nature ionique du réseau de polymères, $\Delta G_{\text{ionique}}$. Cette modification est présentée dans l'équation ci-dessous :

$$\Delta G_{\text{total}} = \Delta G_{\text{élastique}} + \Delta G_{\text{mélange}} + \Delta G_{\text{ionique}} \tag{1.3}$$

Dans ces équations, le terme de mélange, $\Delta G_{\text{mélange}}$, est une description quantitative de la compatibilité entre le polymère et le solvant. Cette compatibilité est habituellement exprimée par le paramètre d'interaction polymère-solvant χ_1. Les caractéristiques du gonflement sont déterminantes pour l'utilisation des hydrogels dans des applications biomédicales et pharmaceutiques et sont influencées par de nombreux facteurs tels que le type et la composition des monomères, la densité de réticulation et d'autres facteurs environnementaux comme la température, le pH et la force ionique.

3. Les propriétés mécaniques des hydrogels

Les propriétés mécaniques des hydrogels dépendent de leur composition et de leur structure. En raison de la forte teneur en eau, les hydrogels entièrement gonflés présentent généralement de faibles résistances mécaniques [241]. Les propriétés mécaniques des hydrogels sont affectées par la composition en monomère, la densité de réticulation, les conditions de polymérisation et le degré de gonflement. La résistance mécanique de l'hydrogel est souvent due en totalité aux liaisons présentes dans le système, en particulier à l'état gonflé. La dépendance des propriétés mécaniques vis à vis de la densité de réticulation a été étudiée de manière intensive par de nombreux chercheurs. Cependant, il convient de noter que lorsque la densité de réticulation est altérée, des modifications peuvent affecter d'autres propriétés que la résistance. Par exemple, une augmentation de la concentration en agent de réticulation indurait un rapprochement des chaînes de polymères, ce qui réduirait la diffusivité, le relargage et le taux de gonflement, y compris le degré maximal de gonflement. Cela signifie que toutes ces propriétés doivent être réévaluées chaque fois que des réticulations supplémentaires sont ajoutées. Le comportement mécanique des hydrogels est mieux compris par les théories de l'élasticité et de la viscoélasticité. La théorie de l'élasticité suppose que lorsqu'une contrainte est appliquée à l'hydrogel, la réponse de déformation est instantanée. Toutefois, pour de nombreux biomatériaux, y compris les hydrogels et les tissus, cette hypothèse n'est pas valable.

4. Les propriétés viscoélastiques des hydrogels

L'élasticité est la propriété physique d'un matériau en vertu de laquelle il retourne à sa forme d'origine après que la force sous laquelle il se déforme soit retirée. La force appliquée est généralement dénommée contrainte ou "stress" qui est la force agissant par unité de surface de section transversale du matériau, tandis que la déformation relative est appelée "strain". Le régime élastique est caractérisé par une relation linéaire entre la contrainte et la déformation. Le rapport de la contrainte sur la déformation est constant pour un matériau donné et constitue la propriété mécanique définie du matériau. Selon que la force appliquée est perpendiculaire ou parallèle à la surface la supportant, les contraintes et les déformations peuvent être axiales ou de cisaillement. La constante de proportionnalité obtenue pour le rapport de la contrainte axiale sur la déformation axiale est appelée le module de Young (représenté par E) tandis que le rapport de la contrainte de cisaillement sur la déformation de cisaillement est dénommé module de cisaillement (représenté par G). Pour un matériau homogène, isotrope et linéaire, E et G sont suffisants pour caractériser complètement les propriétés mécaniques de ce matériau. Cependant, la plupart des matières polymères et des échantillons de tissus sont anisotropes, ce qui signifie qu'ils ont des propriétés différentes dans des directions différentes. Par exemple, l'os, le ligament et les sutures sont plus rigides dans la direction longitudinale plutôt que dans la direction transversale. Pour de tels matériaux, à l'échelle macroscopique, plus de deux constantes élastiques sont nécessaires pour relier la contrainte et les propriétés de déformation. Toutefois, sur une échelle microscopique, les polymères sont relativement isotropes et les modules d'élasticité et de cisaillement sont suffisants pour caractériser complètement leurs propriétés mécaniques locales.

1.2.5   Les méthodes de caractérisation des hydrogels

Pour caractériser les hydrogels, différentes techniques d'étude ont été mises au point pour permettre d'accéder aux divers niveaux spatio-temporels de l'organisation des chaînes polymères :

1. **Niveau moléculaire** : études des phénomènes de formation des nœuds de réticulation,

2. **Niveau macromoléculaire** : études de l'organisation spatiale des nœuds de réticulation au cours de la formation du gel et de la structure du réseau,

3. **Niveau supramoléculaire** : études des propriétés globales des systèmes avant, pendant et après la transition sol-gel.

Les différentes techniques de caractérisation des hydrogels en fonction du niveau spatio-temporel sont résumées dans la figure 1.35 :

Méthodes Structurales			Méthodes Mécaniques	
Echelle Spatiale (nm)			Echelle Temporelle (s)	
10^6 Microscopie optique	**Supramoléculaire**	Rhéologie		10^5
10^4 - Diffusion de la lumière - Diffusion de neutrons aux petits 10^3 angles - Diffusion des rayons X aux petits angles - Microscopie électronique	**Macromoléculaire**	- Diffusion quasi-élastique de la lumière - Biréfringence - RMN Spin Echo		10^{-3} 10^{-4}
10^1 Spectroscopies : - RMN, IR, UV, Raman 10^{-1} - Polarimétrie - Dichroïsme circulaire	**Moléculaire**	- Spectroscopie de neutrons - Spin Echo - Ultrasons		10^{-6} 10^{-15}
Méthodes thermodynamiques : - Analyse Calorimétrique Différentielle - Analyse Enthalpique Différentielle				

Figure 1.35 – Techniques d'étude des hydrogels.

Deux types de caractérisation des hydrogels sont essentiels afin de pouvoir appréhender leurs comportements : la caractérisation des propriétés structurales et la caractérisation des propriétés mécaniques.

1. La caractérisation des propriétés structurales

La caractérisation structurale permet d'élucider l'architecture du réseau tridimensionnel formé et d'identifier les différentes variables de synthèse qui influencent la réticulation. Les hydrogels demeurent des matériaux difficiles à caractériser en raison de leur haute teneur en eau (> 90 %). Les outils qui permettent de déterminer les propriétés structurales des hydrogels sont la mesure du taux de gonflement, la Chromatographie d'Exclusion Stérique associée à la Diffusion de la Lumière ou l'Analyse Enthalpique Différentielle. D'autres techniques sont généralement utilisées pour visualiser la morphologie des gels comme l'imagerie FT-IR, la Microscopie Electronique à Balayage en mode environnemental ou la Microscopie à Force Atomique.

a. La mesure du taux de gonflement

La principale particularité des gels est leur capacité à gonfler, ou en d'autres termes leur capacité à absorber une plus ou moins grande quantité d'eau. Le processus de gonflement est dû à un gradient de pression osmotique. Le solvant diffuse vers l'intérieur du réseau ce qui entraîne le gonflement de ce dernier. Lorsque le solvant pénètre dans le réseau, les chaînes de polymères vont s'expanser, ce qui va générer une force rétractive élastique de nature entropique due aux nœuds de réticulation. L'apparition de cette force augmente la pression à l'intérieur du réseau et lorsque cette pression devient suffisante pour compenser la pression osmotique, le réseau est en équilibre avec le milieu environnant et le gel cesse de gonfler. Il existe trois méthodes pour mesurer le taux de gonflement massique Q des hydrogels.

Méthode 1 : méthode standardisée selon la norme industrielle japonaise K8150 et utilisée pour mesurer le gonflement des hydrogels. D'après cette méthode, l'hydrogel sec est immergé dans de l'eau Milli Q (déminéralisée) pendant 48 heures à température ambiante sous agitation. Après gonflement, l'hydrogel est destructuré puis filtré (taille des pores : 681 μm) et le gonflement est calculé à partir de l'équation ci-dessous [242] :

$$Q = \frac{w_\mathrm{s} + w_\mathrm{d}}{w_\mathrm{d}} \qquad (1.4)$$

Avec :
– w_s la masse de l'hydrogel à l'état gonflé,

– w_d la masse de l'hydrogel à l'état sec.

Les termes de "Taux de gonflement" [243], "Degré de gonflement à l'équilibre" (EDS) [244] ou "Degré de gonflement" [245] ont été utilisés pour des mesures plus ou moins similaires.

Méthode 2 : dans un flacon volumétrique, l'hydrogel sec $(0, 05 - 0, 1$ g) est dispersé en quantité suffisamment élevée dans de l'eau $(25 - 30$ ml) pendant 48 heures à température ambiante. Le mélange est ensuite centrifugé pour obtenir des phases contenants de l'eau liée au matériau et de l'eau libre non absorbée par le matériau. L'eau libre est éliminée et le gonflement peut être mesuré selon la méthode 1 ci-dessus.

Méthode 3 : mesure le gonflement en fonction de la norme industrielle japonaise (JIS) K7223. Le gel sec est immergé dans de l'eau Milli Q pendant 16 h à température ambiante. Après gonflement, l'hydrogel est filtré (taille des pores : 149 μm) et le gonflement est calculé selon l'équation qui suit [246] :

$$Q = \frac{C}{B} \times 100 \qquad (1.5)$$

Avec :
– C la masse de l'hydrogel obtenu après séchage,
– B la masse de la portion insoluble après extraction de l'eau.

Le taux de gonflement dépend essentiellement de la densité de réticulation (chimique ou physique) d'une part, de la nature des interactions polymère/polymère et des interactions polymère/solvant d'autre part.

b. La Chromatographie d'Exclusion Stérique et Diffusion de la Lumière

La Chromatographie d'Exclusion Stérique (Size Exclusion Chromatography ou SEC) est une technique chromatographique qui utilise des colonnes spécifiques pour séparer les macromolécules (polymères synthétiques et naturels, biopolymères, protéines ou nanoparticules) en solution selon leur taille ou plus précisément selon leur volume hydrodynamique [247]. La SEC peut être couplée à un détecteur de diffusion de lumière statique multi-angles (Multi Angle Laser Light Scattering ou MALLS) pour acquérir des informations de structure plus fines [248, 249]. Pour une description précise, la diffusion de la lumière à sept angles (entre $30 - 150°$) est suffisante. La technique SEC-MALLS est largement utilisée pour déterminer diverses propriétés qualitatives et quantitatives : la distribution moléculaire et les paramètres des constituants du gel tels que la masse moléculaire absolue, le rayon de giration des particules, le degré de ramification, le changement de structure moléculaire, le comportement d'agrégation/d'agglomération ou l'évolution du système (vieillissement/conservation).

Les informations fournies par cette technique permettent de déduire la forme des particules par l'intermédiaire de la relation d'échelle entre la masse et la taille. La figure 1.36 révèle les détails de l'architecture moléculaire pour les plus grosses particules. La taille dépend très peu de la masse molaire jusqu'à $M \approx 5 \times 10^6$ g/mol. Au delà, le rayon de la particule augmente avec la masse, suivant une loi de puissance qui donne une dimension fractale de 3. Les densités des particules peuvent être calculées à partir de la formule qui suit (avec Na, nombre d'Avogadro) :

$$Q = \frac{M/N_a}{\frac{4\pi}{3}R^3} \tag{1.6}$$

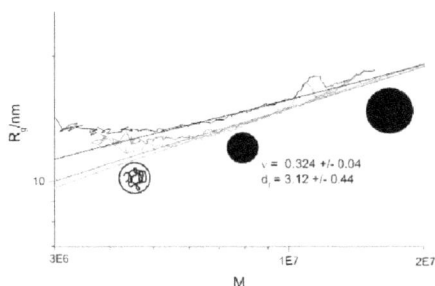

Figure 1.36 – Rayon de giration en fonction de la masse moléculaire pour les grosses particules, calculé en utilisant $dn/dc = 0,162 - 0,182$ ml/g ($n = 3$). L'augmentation de la densité des particules donc de la taille est représentée schématiquement [250].

La figure 1.37 est analogue à la figure 1.36, sauf qu'elle concerne les petites particules. Les dimensions fractales apparentes sont de $3,0 \pm 0,4$ pour les plus grosses particules et de $2,22 \pm 0,38$ pour les plus petites particules.
Des études menées sur la gomme arabique, la gélatine ou le pullulane [251] ont montré l'efficacité de cette technique.

c. L'Analyse Enthalpique Différentielle

L'Analyse Enthalpique Différentielle ou AED est fréquemment utilisée pour la caractérisation des polymères. Cette technique permet de déterminer la variation de flux thermique émis ou reçu par un échantillon en comparaison avec une référence inerte lorsqu'il est soumis à une programmation de température, sous atmosphère contrôlée. L'AED mesure le "gradient" de puissance électrique nécessaire pour maintenir

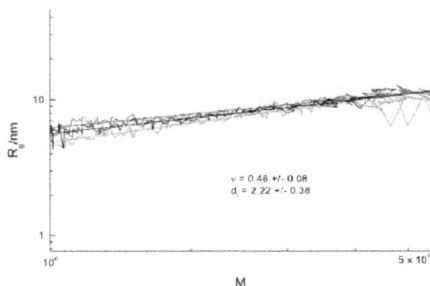

Figure 1.37 – Rayon de giration en fonction de la masse moléculaire pour les petites particules, calculé en utilisant $dn/dc = 0,138$ ml/g $(n = 3)$ [250].

l'échantillon et la référence à la même température. Ainsi, tout phénomène endothermique ou exothermique subi par l'échantillon sera détecté par cette technique. En effet, lors de toute transformation intervenant dans un matériau s'accompagnant d'un échange de chaleur, l'AED peut déterminer la température de cette transformation et quantifier la chaleur. Cette technique permet donc d'accéder à des grandeurs caractéristiques des matériaux telles que la température de transition vitreuse pour les polymères amorphes, ainsi que les températures de fusion et de cristallisation, et le taux de cristallinité pour les polymères semi-cristallins.

L'utilisation de l'AED est fondée sur l'hypothèse selon laquelle seule l'eau libre peut être congelée, ce qui suppose que le pic endothermique mesuré lors du réchauffement du gel congelé représente la fonte de l'eau libre. La valeur obtenue donnera la quantité d'eau libre dans l'échantillon testé (l'hydrogel). L'eau liée est alors obtenue par différence entre la teneur en eau totale mesurée dans l'hydrogel et la teneur en eau libre calculée [175].

2. La caractérisation de la morphologie

a. L'Imagerie Spectroscopique Infrarouge à Transformée de Fourier

La spectroscopie infrarouge à transformée de Fourier (FT-IR) est une technique utile pour identifier la structure chimique d'une substance. Cette technique est basée sur le principe que les composants de base d'une substance tels que les liaisons chimiques, peuvent être excitées et peuvent absorber la lumière infrarouge à des fréquences spécifiques de la nature des liaisons chimiques. Le spectre d'absorption infrarouge résultant représente l'empreinte digitale de l'échantillon mesuré. La FT-IR est largement utilisée pour étudier l'agencement structural dans l'hydrogel par comparaison avec celui des matériaux de départ [252,253]. La caractérisation *in situ* de la formation des gels thermosensibles peut être réalisée en premier lieu par FT-IR en mode réflexion totale atténuée à température variable. Les résultats des études FT-IR permettent d'optimiser les conditions de gélification, apportant ainsi de la reproductibilité quant à la formation des hydrogels.

b. La Microscopie Electronique à Balayage

La Microscopie Electronique à Balayage (MEB) est une méthode de caractérisation pouvant atteindre des résolutions spatiales de l'ordre de la taille des chaînes de polymères. La MEB peut fournir des informations sur la topographie de surface de l'échantillon, la composition, et d'autres propriétés comme la conductivité électrique. L'agrandissement en MEB peut être contrôlé sur une plage allant jusqu'à 6 ordres de grandeur (de 10 à 500.000 fois). Il s'agit d'une technique puissante largement employée pour imager la structure "réseau" caractéristique des hydrogels [254–256] (figure 1.38).

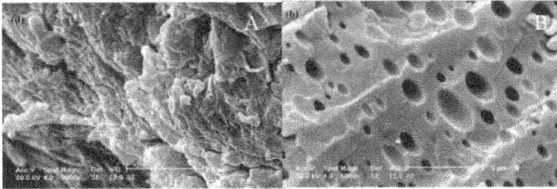

Figure 1.38 – Images MEB d'un hydrogel superabsorbant à base de collagène neutralisé avant (A) et après (B) formation du gel [257].

Par contre, la structure du réseau étant intimement liée à la grande présence d'eau, il est difficile d'éviter les artéfacts causés par la déshydratation [258]. La MEB en mode environnemental (MEBe) présente un net avantage en permettant l'étude des matériaux biologiques et des hydrogels en présence d'eau [258]. La résolution spatiale donnée par la MEBe est de qualité moindre, de l'ordre de quelques centaines de nanomètres, mais peut être améliorée par association à d'autres techniques. Un autre inconvénient de la MEB est la difficulté à imager des échantillons non conducteurs.

c. La Microscopie à Force Atomique

La MEB peut être substituée par la microscopie à force atomique (Atomic Force Microscopy ou AFM). L'AFM fonctionne avec des échantillons conducteurs ou non et peut imager à la fois des échantillons secs ou humides. L'analyse AFM génère des informations topographiques à haute résolution qui ne sont pas facilement obtenues par d'autres techniques [259]. Parmi toutes les techniques d'analyses disponibles pour étudier la morphologie des hydrogels, l'AFM est la seule à détenir autant de qualités sans aucune préparation de l'échantillon (figure 1.39). D'autres techniques sont également utilisées pour confirmer la formation d'un réseau réticulé dans l'hydrogel comme : l'analyse thermo-gravimétrique [260, 261], la diffraction des rayons X [262] ou l'analyse sol-gel [263, 264].

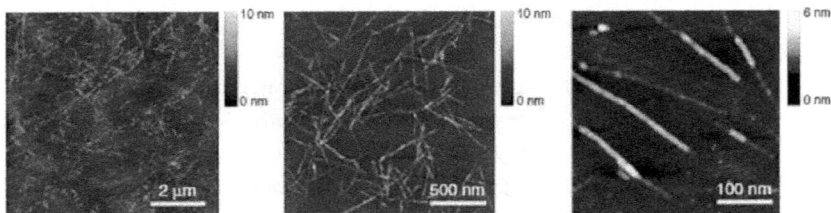

Figure 1.39 – Images AFM d'une matrice de nanofibres de RADA16-I [265].

3. La caractérisation des propriétés mécaniques

La caractérisation des propriétés mécaniques est un point crucial de l'étude des hydrogels et permet de mettre en relation les grandes relations structure/propriétés de ces systèmes. Les deux techniques principalement utilisées pour caractériser les propriétés mécaniques des polymères et des matériaux composites sont l'analyse dynamique mécanique et la rhéologie. Ces deux analyses sont complémentaires et permettent de comprendre le comportement mécanique des produits.

a. L'Analyse Mécanique Dynamique

L'Analyse Mécanique Dynamique (AMD) autrement nommée Analyse Thermomécanique Dynamique enregistre les propriétés viscoélastiques d'un hydrogel en fonction de la température. Ce type d'étude permet de déterminer le module d'élasticité et les valeurs d'amortissement en appliquant une force oscillante (contrainte ou déformation) sur l'échantillon [266].

En AMD, la contrainte dynamique remplace ou se superpose à la contrainte statique. Les analyses dans lesquelles une sollicitation dynamique est appliquée à l'hydrogel permettent de caractériser les phénomènes de relaxation associés à des transitions du type transition vitreuse (relaxation primaire) ou sans manifestation thermique (relaxation secondaire).

Selon la gamme de température considérée, dont dépend la viscosité du polymère, et les dimensions de l'échantillon, différents modes de sollicitation sont utilisés : traction-compression, flexion ou cisaillement. L'enregistrement de la composante élastique en phase par rapport à la contrainte, en fonction de la température (fréquence fixe) ou de la fréquence (température fixe), donne accès aux grandeurs physiques intrinsèques :

- Les modules complexes de Young (E^*) et de Coulomb (G^*), et la viscosité complexe (η^*),
- Le facteur d'amortissement ou facteur de perte ($\tan\delta$)
- La température de transition vitreuse (Tg) représentant l'intervalle de température à travers lequel la matière passe d'un état caoutchouteux à un état vitreux, solide (rigide).

Dans une expérience de mesure mécanique dynamique, une contrainte sinusoïdale est appliquée à une fréquence f. Le signal de contrainte peut s'écrire :

$$\sigma = \sigma_0 \sin(\omega t) \tag{1.7}$$

Avec :

- σ_0, l'amplitude du cycle de contrainte,
- ω ($\omega = 2\pi f$), la pulsation en rad/s,
- t, le temps.

La réponse mécanique d'un matériau viscoélastique s'exprime en déformation et est intermédiaire entre celle d'un solide purement élastique et celle d'un fluide purement visqueux. La déformation est déphasée par rapport à la contrainte imposée. L'association du comportement visqueux et élastique est donnée par la valeur absolue du module complexe de cisaillement G^* ou module de Coulomb :

$$B^*(\omega) = \sqrt{G'^2 G''^2} \tag{1.8}$$

Ou par la valeur absolue de la viscosité complexe η^* définie comme :

$$\eta^*(\omega) = \frac{\sqrt{G'^2 G''^2}}{\omega} \tag{1.9}$$

η^* est habituellement comparé à la viscosité de cisaillement stationnaire dans le but d'évaluer l'effet des déformations importantes et des taux de cisaillement sur la structure du matériau.

Avec : G' et G'', les modules respectifs de conservation (module élastique) et de perte en cisaillement (module visqueux).

G' donne des informations sur l'élasticité ou l'énergie conservée par le matériau pendant la déformation, alors que G'' décrit le caractère visqueux ou l'énergie dissipée en chaleur. Les dépendances des modules élastique et visqueux vis à vis de la fréquence sont appelées spectre mécanique.

Le rapport entre le module visqueux et le module élastique est exprimé par la tangente de perte où δ est l'angle de phase :

$$\tan \delta = \frac{G''}{G'} \qquad (1.10)$$

La tangente de perte est une mesure du rapport entre l'énergie perdue et l'énergie stockée pour des déformations cycliques.

L'analyseur mécanique dynamique est un système à haute résolution qui mesure avec précision la déformation aussi bien sur des matériaux très rigides que sur des matériaux très souples. Cependant, les matériaux rigides, contrairement aux polymères, sont caractérisés par des modules élastiques et des facteurs de perte très dépendants de la température et de la fréquence en plus d'une dépendance vis à vis de la composition et du procédé de fabrication.

b. La rhéologie

La rhéologie est l'étude de la déformation et de l'écoulement de la matière sous l'effet d'une contrainte appliquée. Dans le cas des polymères, la rhéologie permet d'identifier leur comportement viscoélastique. Cette technique permet également de déterminer les propriétés mécaniques macroscopiques selon le type de structure (association, enchevêtrement, liaison) présents dans le système.

Les analyses rhéologiques sont nécessaires pour distinguer les solutions de polymères concentrées (enchevêtrés) des gels [267–269].

En général, dans le cas d'une solution de polymères étudiée à basses fréquences, la solution présente un comportement visqueux ($G'' > G'$) tandis qu'aux hautes fréquences un comportement élastique ($G' > G''$) domine. Cela correspond à un comportement de type Maxwell avec un temps de relaxation unique qui peut être déterminé à partir du point de croisement entre G' et G'' et ce temps de relaxation augmente avec la concentration en polymère. Le point de croisement des courbes G' et G'' indique la transition entre les comportements visqueux et élastique et est fonction de la fréquence, se produisant à une valeur de fréquence donnée (f^*). Ce comportement est typique des solutions concentrées ou des réseaux enchevêtrés uniquement dans la zone des faibles fréquences. Les chaînes de polymères sont en mesure de reprendre leur configuration à l'équilibre par mouvements Browniens dans l'échelle de temps de l'expérience et la solution se comporte comme un liquide visqueux. En revanche, pour les hautes fréquences, au-dessus de l'intersection des courbes G' et G'', les chaînes ne peuvent pas se désenchevêtrer durant la courte période d'oscillation et elles se comportent comme un réseau temporairement réticulé. Pour pouvoir s'adapter à ces contraintes, le réseau se déforme et son comportement est de type élastique ($G' > G''$). La fréquence de croisement (f^*) correspond au taux intrinsèque de désenchevêtrements des chaînes de polymères [270, 271].

La courbe du module élastique G' est plus haute que celle de G'' durant la plage des fréquences analysées (généralement de 10^{-2} à 10^2 rad/s). En particulier, à partir des spectres mécaniques il est possible de distinguer les gels chimiques (forts) des gels physiques (faibles) [272–274]. Le spectre spécifique des gels forts ou durs se compose de courbes presque horizontales. En effet les courbes G' et G'' sont presque indépendantes des fréquences et parallèles entre elles. Il faut souligner que le rapport G''/G' est inférieur à $0,1$ [275, 276].

Dans le cas des gels faibles ou mous, le profil des modules G' et G'' peut montrer une légère dépendance en fréquence et le rapport G''/G' est supérieur à $0,1$ [277]. Un tel comportement rhéologique est typique des gels biologiques tels que les réseaux à base de protéines ou de polysaccharides (collagène, acide hyaluronique) et les tissus mous [278, 279]. Il est intéressant de signaler que la déformation critique γ_0^c caractérisant la limite du régime viscoélastique linéaire permet aussi de distinguer les différents systèmes.

La technique de rhéologie a été utilisée pour caractériser la structure du réseau de l'hydrogel seroglucan/borax 1 [30], les hydrogels cationiques à base de chitosane [280, 281] et une série d'autres hydrocolloïdes [282].

Actuellement la rhéologie en mode dynamique permet d'étudier l'état de gel et de le caractériser à partir de la mesure des modules élastique et visqueux.

1.2.6 Les principales applications médicales des hydrogels

Les hydrogels à base de polymères ont été produits pour servir principalement l'ingénierie tissulaire et les domaines pharmaceutiques et biomédicaux (tableau 1.6).

Par leurs propriétés chimiques et leur porosité (à différentes échelles de taille), les hydrogels peuvent être utilisés comme matériaux de recolonisation cellulaire. Les applications des gels s'étendent de l'encapsulation de médicaments à celle de cellules avec un intérêt majeur dans le domaine de l'ingénierie tissulaire. Les avantages de travailler avec cette catégorie de biomatériaux sont : le choix de la composition du gel de manière à être proche de celle des MEC (polymères d'origine biologique) et l'utilisation aisée par simple injection, donc sans occasionner de dommages de nature

Hydrogel à base de polymères	Applications médicales
PHEMA	Hydrogels compatibles avec le sang
MAA	Lentille de contact
PHEMA/Poly (Ethylène Téréphtalate), PTFE	Tendons artificiels
Acétate de Cellulose	Rein artificiel
PVA et Acétate de Cellulose	Membranes pour plasmaphérèses
PNVP, PHEMA, Acétate de Cellulose	Foie artificiel
PVA et PHEMA	Peau artificiel
Terpolymères de HEMA, MMA et NVP	Mammoplastie
PHEMA, P (HEMA-co-MMA)	Reconstruction maxillo-faciale
PVA	Reconstruction des cordes vocales
P (HEMA-b-Siloxane)	Reconstruction d'organe sexuel
PVA, PAA, Poly (Glycériyl Méthacrylate)	Applications ophtalmologiques
PVA, HEMA, MMA	Cartilage Artificiel

Tableau 1.6 – Les hydrogels de polymères les plus utilisés en médecine.

mécanique aux tissus avoisinants [178].

L'ingénierie tissulaire vise à synthétiser, à partir de matrices contenant l'ensemble des ingrédients nécessaires, un tissu de substitution. Cette discipline fait participer des hydrogels naturels ou synthétiques pour former un tissu. Les hydrogels se préparent facilement à partir de solutions de polymères naturels en les faisant inter-agir avec des agents de réticulation qui sont le plus souvent des ions multivalents. L'exemple le plus connu est l'alginate de sodium qui se gélifie en présence d'ions Ca^{2+}, Ba^{2+} ou Sr^{2+}. Le tissu néoformé résulte de la division et/ou de la différencia-tion des cellules encapsulées.

De nombreux programmes de recherche visent à encapsuler des cellules souches au sein de matrices à base de biopolymères contenant des facteurs de différenciation cellulaire. Le but de ces travaux est de guider la différenciation des cellules souches et de reconstituer ainsi un nouveau tissu "sur commande" [283, 284].

1.3 Les applications des hydrogels dans le domaine de la réparation osseuse

Il existe plusieurs applications en ingénierie tissulaire, où les hydrogels ont trouvé leur utilité. Langer et Vacanti [1] ont été parmi les premiers à mettre au point les techniques de base utilisées en ingénierie tissulaire pour réparer les tissus endomma-gés, et ont démontré la grande utilité des gels de polymères dans ces techniques. De nombreuses études ont confirmé l'efficacité des hydrogels dans des applications d'in-génierie osseuse. Afin d'amplifier significativement la formation d'os, les hydrogels peuvent être employés seuls ou associés à des molécules bioactives ainsi qu'à des cellules. Cela suggère que l'utilisation d'hydrogels hybrides peut offrir une option fiable pour l'ingénierie du tissu osseux.

1.3.1 Rappels sur le tissu osseux : rapport structure/fonction

1. Définition et fonctions du tissu osseux

L'os humain est un matériau vivant en continuelle évolution qui sait s'adapter aux sollicitations auxquelles il est soumis. Sa morphologie se transforme avec l'âge : chan-gement de masse lors de la croissance, d'architecture et de propriétés mécaniques lors du remodelage (consolidation d'une fracture). L'os est composé de plusieurs tis-sus, tels que : le tissu cartilagineux articulaire, les cartilages fibreux (insertions des tendons), la moelle osseuse hématopoïétique (cavité centromédullaire) et les tissus osseux spongieux et compacts. Le tissu osseux, constituant le squelette, possède trois grandes fonctions :

1. une fonction mécanique : le tissu osseux étant très résistant, il joue un rôle de soutien du corps et de protection des organes et du système nerveux.

2. une fonction métabolique : le tissu osseux est un tissu dynamique, en perpé-
tuel renouvellement sous l'effet des pressions mécaniques, entraînant ainsi le
stockage ou la libération de sels minéraux. Il participe, avec l'intestin et les
reins, à l'homéostasie phosphocalcique de l'organisme.

3. une fonction hématopoïétique : l'espace médullaire des os renferme la moelle
hématopoïétique qui produit les cellules sanguines.

Il joue aussi un rôle dans la détoxification de l'organisme en fixant et stockant certains éléments comme le plomb. L'os est un tissu conjonctif de soutien minéralisé
constitué essentiellement de collagène, de minéral sous forme d'HA, d'eau et de protéines. Trois types cellulaires sont retrouvés dans ce tissu : les ostéoblastes pour
l'ostéoformation, les ostéoclastes pour l'ostéorésorption et les ostéocytes logés dans
des ostéoplastes assurent la maintenance entre formation et résorption (figure 1.40).
Le renouvellement (remodelage) de ce tissu est rapide dans l'enfance puis diminue
en fonction de l'âge.

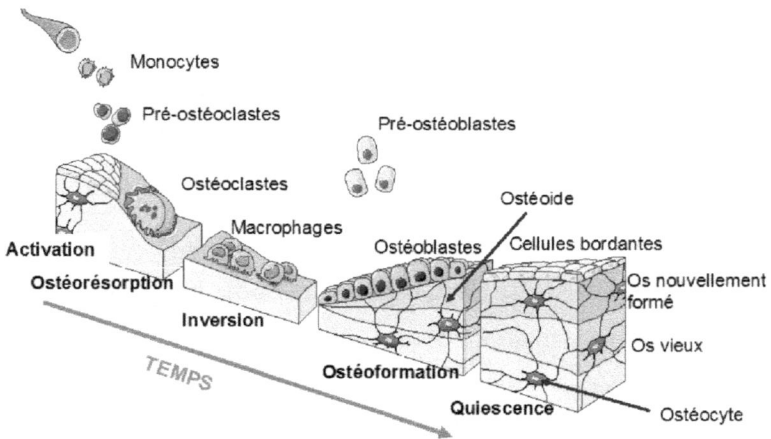

Figure 1.40 – Le cycle du remodelage osseux (www.udsmed.u-strasbg.fr).

2. L'organisation structurale du tissu osseux

a. La structure interne

Trois catégories de tissu osseux existent et se distinguent par leur degré de maturation et/ou leur mode d'organisation : le tissu osseux lamellaire, le tissu osseux
compact et le tissu osseux spongieux. Chez l'adulte, le tissu osseux est dit lamellaire

parce que la matrice osseuse est disposée en lamelles superposées où les microfibrilles de collagène sont organisées parallèlement selon une direction qui se modifie dans chaque lamelle consécutive. Le tissu osseux compact, également nommé cortical ou Haversien, est principalement constitué de systèmes de Havers (ou ostéons). Ce système est fait de lamelles osseuses cylindriques disposées concentriquement autour du canal de Havers. Les canaux de Havers sont reliés entre eux par des canaux transversaux ou obliques appelés canaux de Volkmann. Le tissu osseux spongieux (ou trabéculaire) est formé par un réseau tridimensionnel de spicules ou trabécules, ramifiées et anastomosées, délimitant des espaces plus ou moins interconnectés et occupés par de la moelle osseuse et des vaisseaux (figure 1.41).

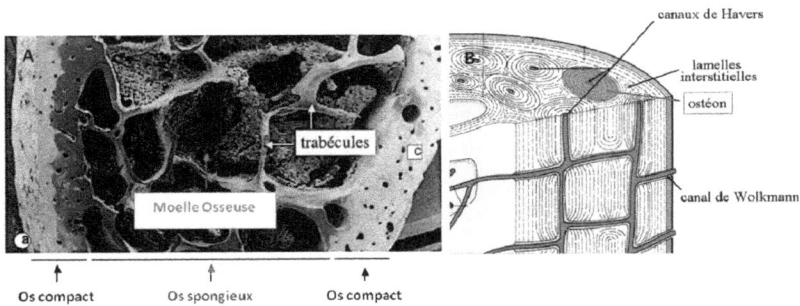

Figure 1.41 – Structure interne du tissu osseux. (A) coupe transversale et (B) longitudinale dans la partie médiane d'un os long (http ://histo-blog.viabloga.com/images/os).

b. La structure externe

A l'échelle macroscopique, il existe trois variétés anatomiques d'os (figure 1.42). Les os longs (le fémur ou le tibia) ont une organisation spécifique, en trois segments. Les épiphyses recouvertes de cartilage se trouvent aux extrémités et forment de grosses lames d'os compact qui entourent de l'os spongieux. La diaphyse localisée au centre des os longs est une colonne d'os compact. La métaphyse relie les épiphyses à la diaphyse. Les os courts (les os du carpe) sont constitués d'une masse d'os compact autour d'os spongieux. Pour finir les os plats (la scapula ou le sternum) sont formés de deux lames d'os compact entourant une lame d'os spongieux. Pour tous les autres os irréguliers, ils sont associés à ces différentes structures.

3. Les propriétés mécaniques de l'os

La résistance mécanique de l'os est essentiellement liée à sa structure et à sa capacité de renouvellement. L'os est un matériau s'adaptant aux efforts qu'il subit. Le

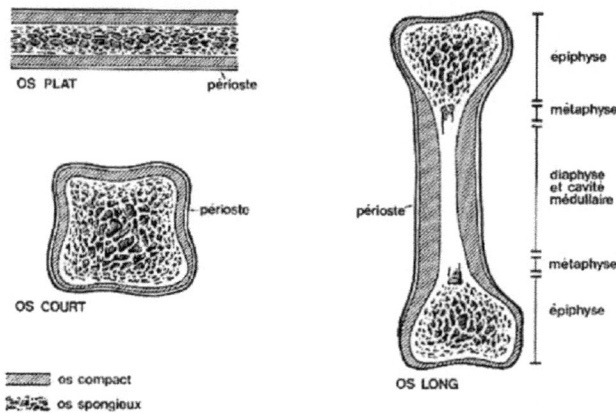

Figure 1.42 – Structure externe des différents types d'os : os plat, os court et os long (Science tech).

principe de destruction et de reconstruction de l'os est connu : des cellules creusent des galeries, d'autres cellules y apposent un tissu qui se minéralise peu à peu pour former un nouvel ostéon. Si de nouvelles directions d'ostéons apparaissent, alors les propriétés mécaniques sont modifiées.

Pour caractériser les propriétés mécaniques d'un tissu, deux paramètres sont étudiés : la contrainte à la rupture en compression et le module de Young. En fonction du type d'os, les propriétés mécaniques sont différentes. La résistance à des contraintes en compression peut atteindre 150 MPa pour l'os cortical mais est limitée entre 1 à 7 MPa pour l'os spongieux. Le module de Young de l'os cortical varie entre 18000 à 20000 MPa alors que celui de l'os spongieux varie entre 70 à 80 MPa.

4. La composition chimique de l'os

La fraction minérale représente 70 % du tissu osseux et est composée de phosphate de calcium de structure apatitique. La cristallinité et le rapport entre Calcium (Ca) et Phosphore (P) dépendent du type d'os. De nombreux autres ions se trouvent à l'état de trace au sein des cristaux d'apatite. L'os contient en moyenne $35,5$ % de Ca et $18,5$ % de P soit un rapport Ca/P de $1,61$. La fraction organique représente 30 % du poids de l'os et est composée à 95 % par du collagène de type I.

1.3.2 La réparation physiologique du tissu osseux

Dans le cas de faibles pertes de substance osseuse, l'os fait partie des tissus ayant des propriétés d'autoréparation, il peut se régénérer spontanément suite à une lésion, chez l'adulte aussi bien que chez l'enfant. La cicatrisation constituée par des phénomènes cellulaires, moléculaires, physiologiques et biochimiques répare les lésions tissulaires. Là où de nombreux tissus mettent en place un tissu cicatriciel, généralement de type fibreux, le tissu osseux est capable de restaurer les propriétés géométriques, physiques et fonctionnelles de la zone lésée [285–287]. Les lésions osseuses et leurs réparations peuvent être classées en fonction de la stabilité de la lésion, de la taille du défaut et de l'origine des cellules réparatrices [287].

1. La réparation osseuse indirecte ou endochondrale

La réparation endochondrale est réalisée suite au recrutement de CSM issues de la couche interne du périoste et de la moelle osseuse. Les CSM prolifèrent, se différencient en chondrocytes et vont synthétiser une matrice cartilagineuse avasculaire constituée de collagène de type II, IX et XI, d'agréganes et de protéoglycanes [288]. En résulte la formation de cartilage suivi d'os tissé (os primaire) et lamellaire dans un espace inter-fragmentaire, large et mobile (figure 1.43).

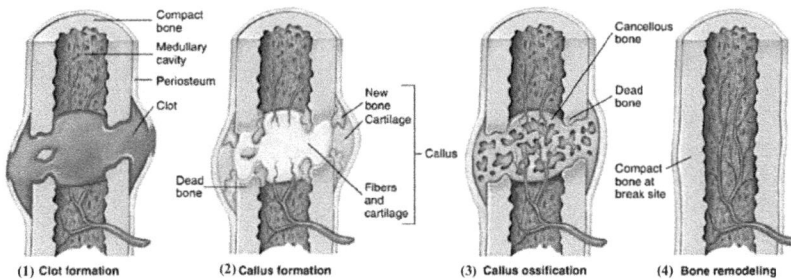

Figure 1.43 – Réparation osseuse endochondrale. (1) formation du caillot, (2) formation du cal, (3) ossification du cal, (4) remodelage osseux (bioserv.fiu./edu/ walterm/Fund_Sp2004/).

2. La réparation osseuse directe ou intramembranaire

La réparation intramembranaire (direct bone repair, gap repair) ne passe pas par une étape intermédiaire cartilagineuse et se fait dans un environnement sans contraintes mécaniques. Les cellules ostéoprogénitrices provenant de la moelle osseuse produisent un os primaire, remodelé pour donner un os mature lamellaire. Ce mode de réparation a lieu dans le cas de lésions d'une taille de plus de $0,1$ mm, dans un environnement très stable [289, 290]. La réparation osseuse directe fait intervenir les cellules mésenchymateuses de la couche interne du périoste, de l'endoste et de la moelle osseuse. Ces CSM vont se différencier en ostéoblastes puis produiront un os primaire qui sera secondairement remodelé en os lamellaire.

3. La réparation osseuse primaire ou de contact direct

Cette réparation fait intervenir des ostéoclastes résorbant les zones osseuses né-
crotiques de part et d'autre de la lésion. Les ostéoblastes du système Haversien
produiront directement un os lamellaire parallèle à l'axe de l'os. Cette réparation se
caractérise par l'absence de phase cartilagineuse et de remodelage osseux. Il se réalise
dans un environnement sans espace inter-fragmentaire et stable [291]. Ce mode de
réparation est proche de celui mis en place pour la réparation des micro-dommages
osseux ou micro-fractures intra osseuse de quelques centaines de micromètres. L'initiation de ce type de réparation reste encore mal connue. Les hypothèses proposées
sont basées sur la perception des changements mécaniques engendrés par le dom-
mage. Ces modifications sont ressenties soit par les cellules du canal Haversien, soit
par les cellules bordantes ou soit par les ostéocytes [292–294]. Dans tous les cas,
la réparation se fait par la mise en place locale d'une unité de remodelage osseux.
Les travaux de Hazenberg suggèrent que l'ostéocyte, en réponse au changement des
contraintes mécaniques, sécrète une protéine (RANKL) permettant d'activer les ostéoclastes [293, 294].

1.3.3   La réparation du tissu osseux par ingénierie tissulaire

Les thérapies conventionnelles pour des lésions osseuses causées par une maladie ou
un traumatisme comprennent la reconstruction chirurgicale, la transplantation et la
pose de prothèse artificielle. L'ingénierie tissulaire a été développée comme thérapie
alternative pour traiter la perte osseuse.

1. Les exigences du tissu osseux

Comme dans le cas d'autres organes, l'ingénierie tissulaire de l'os nécessite des cellules ostéoprogénitrices, un échafaudage 3D pour l'adhésion, la prolifération et la
différenciation des cellules et des facteurs de croissance qui améliorent la croissance
et la différenciation cellulaire. En outre, les matériaux polymères doivent avoir une
modularité élevée de sorte qu'ils puissent être transformés en supports poreux
pouvant autoriser la diffusion des éléments nutritifs et des déchets. Les gels doivent
également avoir des propriétés mécaniques proches de celles de l'os natif.

a. L'ostéo-compatibilité

L'ostéo-compatibilité, également nommée ostéo-intégration, a été définie par Bra-
nemark [295] comme étant une apposition osseuse directe sur la surface implantaire.
L'os est étroitement lié au matériau inerte et biocompatible. La macro et microstructure, la stabilité et les conditions de charges lors de la période de cicatrisation ont
un rôle décisif pour acquérir une bonne ostéo-intégration. La qualité du matériau est

un facteur très important pour l'ostéo-intégration de l'implant. Un bon implant est celui qui permet une intégration rapide et le développement de l'os autour de lui.

b. La résistance mécanique

L'os est soumis à d'importants efforts mécaniques ce qui implique que le substitut devra pouvoir résister aux mêmes contraintes. Il est essentiel de choisir le biomatériau en fonction de ses propriétés mécaniques pour éviter tout effritement ou fracture. La résistance mécanique des implants osseux est régie par la composition, le mode de fabrication et la morphologie du matériau. La présence de pores interconnectés n'est pas recommandée car ce paramètre réduit largement la résistance mécanique du matériau.

c. La porosité

L'efficacité d'un substitut osseux est conditionnée par sa morphologie. La porosité du matériau est exprimée en pourcentage et correspond au rapport du volume des espaces vides de matière sur le volume global du matériau. La porosité est dite "continue" si les pores sont interconnectés entre eux, et "ouverte" si les pores débouchent à l'extérieur. La macroporosité est attribuée pour des pores de plus de 100 μm de diamètre et la microporosité pour des diamètres inférieurs à 10 μm, entre les deux il s'agit de mésoporosité. Les rapports respectifs de la microporosité et de la macroporosité ainsi que la taille des pores conditionnent les propriétés mécaniques et la repousse osseuse dans le matériau.

Ces paramètres sont donc à préciser séparément pour caractériser un matériau. L'imagerie MEB est l'outil le plus approprié pour préciser la micro et macroporosité [296].

1.3.4   Le cahier des charges de l'hydrogel pour l'ingénierie du tissu osseux

Les échafaudages utilisés en ingénierie tissulaire doivent imiter la MEC naturelle et fournir un soutien pour l'adhésion, la migration, et prolifération cellulaire. Ils permettent également la différenciation cellulaire ainsi que la production et l'organisation 3D de nouveaux tissus. Bien sûr, les échafaudages doivent être complètement biodégradables. Les caractéristiques souhaitées pour les matrices d'hydrogel impliquent des paramètres physiques tels que la résistance mécanique et des propriétés biologiques qui sont notamment la biocompatibilité, la biodégradabilité et la capacité à fournir un microenvironnement biologiquement actif (figure 1.44).

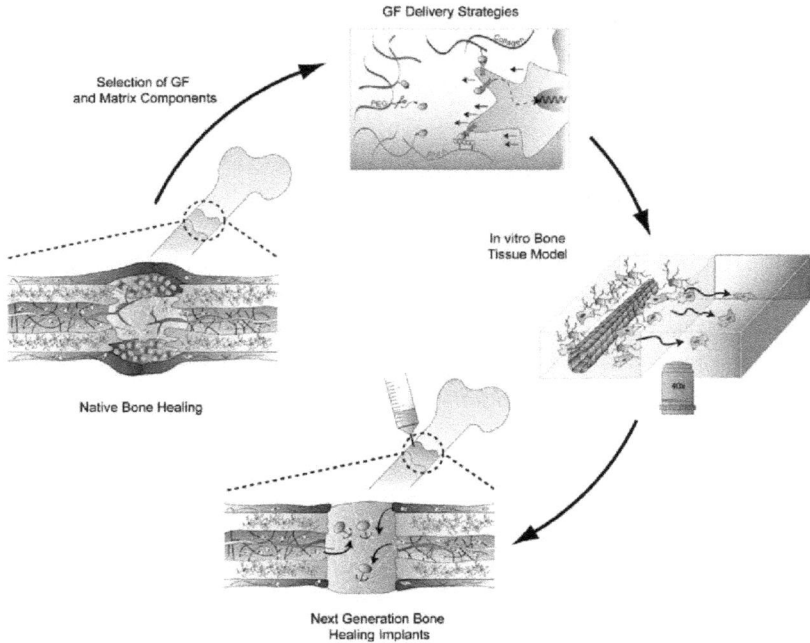

Figure 1.44 – Développement de matrices imitant la MEC naturelle pour l'étude de la biologie osseuse [297].

1. Le type d'hydrogel

Les hydrogels peuvent être formés en utilisant des matériaux naturels, synthétiques ou une combinaison des deux [298]. Divers biomatériaux naturels (alginate, acide hyaluronique, collagène, fibrine, agarose, etc...) et des polymères synthétiques comme le PEG et le PEG fumarate ont été utilisés pour la préparation d'échafaudages d'hydrogel [299]. Les critères essentiels pour utiliser les hydrogels en ingénierie tissulaire osseuse sont : une totale biocompatibilité, des produits de dégradation non toxiques et des propriétés mécaniques suffisantes pour promouvoir l'adhésion cellulaire et la formation d'os [9].

2. Le temps de gélification

Le contrôle du temps de gélification est important, en particulier lorsque le gel doit se former *in vivo*. La connaissance et la maîtrise du temps de gélification sont donc indispensables pour assurer une encapsulation efficace des additifs (facteurs de croissance) et/ou des cellules et permettre leurs relargages au niveau du site d'implantation [10]. La matrice polymère doit être gélifiée sans endommager les cellules qui doivent conserver leur viabilité. La gélification peut être contrôlée par un changement de pH, de température ou par addition de réactifs [300]. Néanmoins, les processus de gélification exigeant une modification du pH ou une augmentation de température doivent être maîtrisés pour ne pas altérer les éléments biologiques encapsulés. Pour les polymères de synthèse, la prise du gel peut être réalisée par l'action d'un stimulus extérieur autre que l'addition d'un réactif. Le polymère peut être synthétisé de manière à contenir des groupements photosensibles (acryliques ou méthacryliques), permettant la réticulation du gel par l'éclairement avec une source lumineuse émettant dans le domaine spectral approprié [301]. La photopolymérisation est une technique intéressante car la gélification se produit rapidement, à température physiologique et avec une production minimale de chaleur [302]. Un autre type de gel utilisable en clinique, les thermogels, se structurent suite à une diminution de température (avoisinant 37°C). Au contact de la température corporelle, la gélification se fait naturellement *in situ*.

3. Les propriétés mécaniques de l'hydrogel

Lorsque le gel est implanté au niveau du site d'intérêt de l'organisme hôte, il doit résister aux diverses contraintes mécaniques et conserver son volume pendant une durée suffisante tout en transmettant ces contraintes aux cellules encapsulées. Les propriétés mécaniques d'un hydrogel peuvent transmettre d'importants signaux physiques aux cellules par les voies de la mécano-transduction. Ces voies interviennent dans l'homéostasie tissulaire, la morphogenèse, la croissance des cellules, la contractilité, la différenciation et la physiopathologie. De nombreuses stratégies de conception sont apparues pour améliorer les propriétés mécaniques des hydrogels. L'exemple des gels d'alginate montre que la valeur du module de compression peut être augmentée suite à une élévation de la concentration volumique en alginate et du rapport de nombre de groupements alpha-L-guluronique sur le nombre de groupements béta-D-mannuronique. Les échafaudages à base d'hydrogel utilisés dans le domaine de l'ingénierie tissulaire osseuse sont retrouvés principalement au niveau des surfaces non portantes [303]. Des différences de concentration initiale ou de longueur du macromère peuvent influencer l'ensemble de la densité de réticulation du réseau, modifiant les propriétés mécaniques [304]. Les propriétés mécaniques peuvent être renforcées en combinant les hydrogels avec des particules de matériaux céramiques (β TCP, HA), de la matrice osseuse déminéralisée, ou du carbonate de calcium [305, 306]. L'addition d'HA a amélioré non seulement les propriétés mécaniques et d'adhésion cellulaire sur les supports d'alginate, mais aussi l'activité et la viabilité des cellules cultivées sur ces composites [305, 307]. L'amélioration des propriétés mécaniques des gels ne doit cependant pas empêcher la diffusion des petites molécules à l'intérieur et à l'extérieur du gel.

4. La biodégradation de l'hydrogel

La biodégradation des hydrogels est essentielle pour des applications biomédicales. Une fois le gel formé, il est souvent souhaitable, sauf dans le cas où le gel doit protéger les cellules encapsulées contre les molécules du système immunitaire, qu'il se dégrade spontanément pour laisser place au tissu formé. Une dégradation idéale correspondrait à une dégradation de la matrice polymère en synergie avec la croissance du nouveau tissu afin que le volume total du matériau (gel + cellules) reste constant. L'avantage d'une dégradation complète est qu'elle écarte tout problème lié à la stabilité et/ou à l'intégrité de l'implant à long terme. Pour certaines applications d'ingénierie tissulaire, comme le remplacement de cartilage articulaire ou de cornée, la dégradation totale de l'échafaudage n'est pas nécessaire. Dans ces deux cas, un support 3D bien intégré, permanent ou semi-permanent peut être la meilleure option pour remplacer la fonction de base du tissu perdu ou endommagé. Dans le domaine de la réparation osseuse, les scaffolds doivent être conçus de manière à imiter le même remodelage qui se produit physiologiquement au sein du tissu osseux. La cicatrisation des plaies est connue pour impliquer un remodelage contrôlé de la MEC comprenant une phase de dégradation et une phase de synthèse engageant des ostéoclastes et des ostéoblastes, respectivement. Des approches biomimétiques se développent pour parvenir imiter la MEC du tissu osseux [297].

Afin de faciliter la morphogenèse et la motilité des cellules encapsulées, une résorption contrôlée *in vivo* et/ou une dissolution locale est exigée. Les hydrogels peuvent subir une dissolution locale ou disséminée basée sur des mécanismes de dégradation tels que l'hydrolyse spontanée (ex : gel de polyesters de synthèse), l'hydrolyse catalysée par voie enzymatique (ex : gel d'acide hyaluronique, l'enzyme impliquée étant la hyaluronidase), la dissolution spontanée du gel (ex : gel d'alginate) [301,308] ou le désenchevêtrement (ex : gel de PEO) [188,309] (figure 1.45).

La dégradation par médiation cellulaire est un mécanisme plus physiologique qui permet de substituer la matrice provisoire par une matrice nouvellement synthétisée à partir des facteurs bioactifs contenus dans l'hydrogel. Un exemple est le modèle d'hydrogel à base de polymères et de peptides. Ce type d'hydrogel est maintenu par la réticulation des oligomères qui servent de substrats pour les collagénases, les gélatinases, et d'autres métalloprotéases matricielles [310]. Des séquences d'oligomères sensibles à ces protéases sécrétées par les cellules ont été caractérisées et peuvent être synthétisées et incorporées lors de la conception de l'hydrogel. Pour la réparation de défaut osseux de taille critique, des implants à base d'hydrogels bioactifs contenant des oligopeptides modifiés peuvent faciliter la résorption *in vivo* coïncidant avec la durée de la réparation naturelle, ce qui n'est pas permis avec tout autre matériau [311]. Pour exemple, Patterson et ses collaborateurs [312] ont conçu des implants bioactifs résorbables pour la réparation osseuse à base d'acide hyaluronique modifié, photopolymérisable par différentes quantités de méthacrylate de glycidyle (GMA) (agent de réticulation). Dans leur étude, ils ont montré que le rapport de concentrations GMA/acide hyaluronique était proportionnel à la vitesse de résorption de l'hydrogel *in vivo*, affectant ainsi l'organisation de la formation du nouvel os.

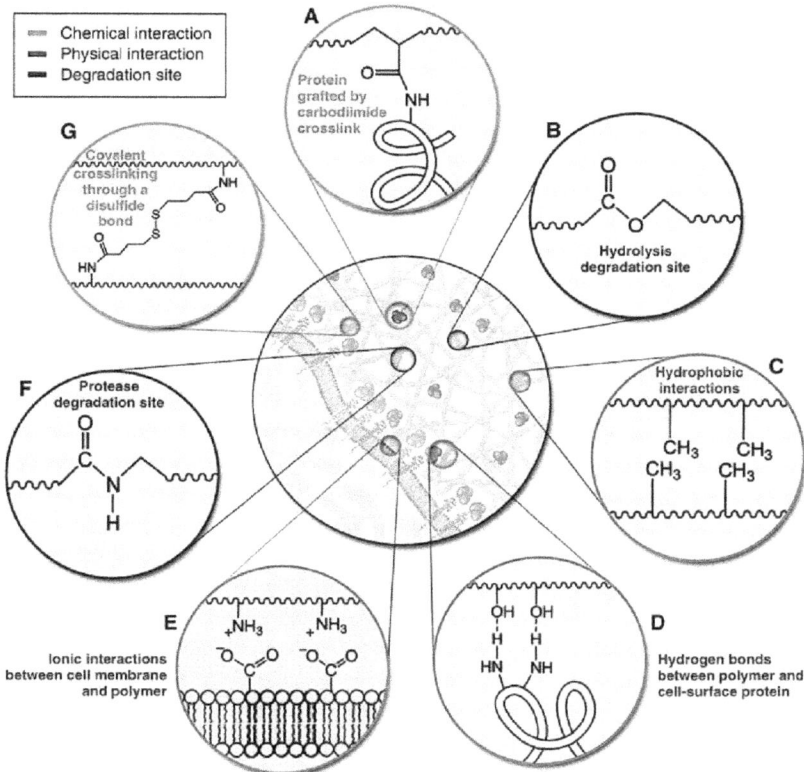

Figure 1.45 – Différents types d'interactions chimiques et physiques à la base de la dégradation des hydrogels. La dégradation peut être appportée dans l'hydrogel en introduisant soit des fragments protéolytiques ou hydrolytiques dans le squelette du réseau polymère [313].

Les hydrogels dégradables peuvent également être conçus en intégrant des groupes clivables au niveau du squelette du polymère ou des nœuds de réticulation. Ces groupes peuvent être clivés par des procédés non sélectifs comme l'hydrolyse. La biodégradation est complète lorsque la structure du réseau peut être désagrégée par des processus biologiques, tels que la digestion enzymatique [313,314]. Par exemple, Bryant et Anseth [315] ont incorporé des groupes clivables par hydrolyse dans un réseaux de PEG et ont trouvé une corrélation entre le profil de dégradation du réseau et la production et la distribution de collagène par les cellules encapsulées. En outre, les hydrogels peuvent être fabriqués en intégrant des composants de la MEC spécifique du tissu osseux, tels que le collagène ou l'HA, qui sont naturellement biodégradables et imitent l'environnement naturel de la croissance tissulaire. Cependant l'utilisation de matériaux d'origine naturelle présente un risque car il peut y avoir des variations de lot à lot et le contrôle de leurs propriétés physico-chimiques est limité. Hubbell et ses collaborateurs [311, 316] ont développé une approche novatrice pour fabriquer des hydrogels biodégradables en utilisant des fragments de MEC. Ils ont synthétisé des hydrogels de PEG contenant des ligands pour l'adhésion cellulaire et des fragments peptidiques qui fonctionnent comme des substrats des métalloprotéinases de la MEC. Imiter la fonction de la MEC a été possible [317, 318] en intégrant des facteurs de croissance dans le réseau pouvant être libérés à la demande de la cellule.

La maîtrise des aspects spatio-temporels de la dégradation des hydrogels est un défi. En effet, de l'espace est nécessaire pour que le tissu puisse se former. La synchronisation entre la résorption hydrolytique et la régénération osseuse améliore la réparation du tissu. Cependant la formation de tissu est limitée car la synthèse de collagène et la minéralisation subséquente se réalisent uniquement dans les zones où le réseau de polymères a été dégradé [304]. La dégradation des hydrogels peut être optimisée pour l'ingénierie tissulaire osseuse [178]. Les produits de dégradation polymériques sont soit filtrés par les reins soit accumulés dans le système réticuloendothélial pour des produits de dégradation de poids moléculaire élevé. Le devenir des produits de dégradation doit donc être considéré lors de la conception des échafaudages à base de polymères [309].

5. L'addition de molécules biologiquement actives

Les polymères utilisés pour former des hydrogels peuvent être conçus de manière à présenter des stimuli biochimiques, cellulaires et physiques qui agissent sur les processus cellulaires (la migration, la prolifération et la différenciation cellulaire) (tableau 1.7) [302].

a. La bioadhésion

Pour les gels contenant des cellules, la seule condition de non altération des tissus environnant n'est pas suffisante, il faut encore favoriser l'adhésion des cellules issues de la mitose des cellules présentes initialement dans le gel. Certains des hydrogels tels que la fibrine ou le collagène présentent des propriétés intrinsèques de bioadhésion, or ce n'est pas le cas pour la plupart des autres hydrogels naturels et

TYPE	MODIFICATION	REFERENCE
Conjugaison	Arg-Gly-Asp (RGD)	[310]
Conjugaison	BMP-2 derived peptide	[319]
Conjugaison	Fluvastatin	[320]
Loading	Mesenchymal stem cell	[300]
Loading	Osteoblast	[307]
Loading	BMP	[310]
Loading	FGF	[321]
Scaffold	HA	[305]
Scaffold	β-tricalcium phosphate	[306]

Tableau 1.7 – Différentes méthodes pour modifier les hydrogels [320].

synthétiques. Les polymères constitutifs du gel ont donc intérêt à être modifiés avec des motifs d'adhésion cellulaire comme le montre la figure 1.46.

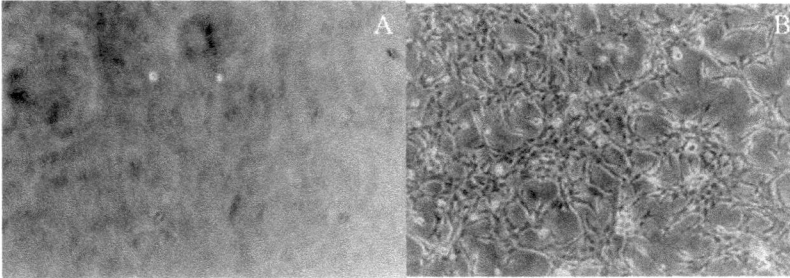

Figure 1.46 – Etude de l'adhésion de myoblastes sur des hydrogels d'alginate (A) non modifiés et (B) modifiés par ajout du peptide GRGDY. Très peu de cellules adhèrent aux gels d'alginate non modifiés, tandis que les cellules adhèrent facilement, s'étalent et prolifèrent sur les gels modifiés [308].

La bioadhésion peut être également apportée au réseau d'hydrogel en utilisant des molécules de liaison qui permettent des interactions moléculaires covalentes ou non covalentes entre l'implant et son environnement (figure 1.47). L'incorporation co-valente de ligands peptidiques de récepteurs membranaires à la matrice d'hydrogel peut stimuler l'adhésion, l'étalement et la croissance des cellules [322]. L'un des peptides d'adhésion le plus couramment utilisé en recherche est celui contenant le motif Arg-Gly-Asp dit peptide RGD. Ce peptide n'altère pas la viabilité des cellules encapsulées et permet une meilleure adhésion et prolifération des cellules [323]. Le deuxième peptide largement utilisé pour l'adhésion cellulaire est l'oligopeptide dérivé des domaines de liaison cellulaire de la fibronectine de type III (FNIII 9-10) [324]. Le greffage de cet oligopeptide permet d'une part l'adhésion cellulaire et d'autre part une meilleure différenciation ostéogénique des CSM encapsulées [324].

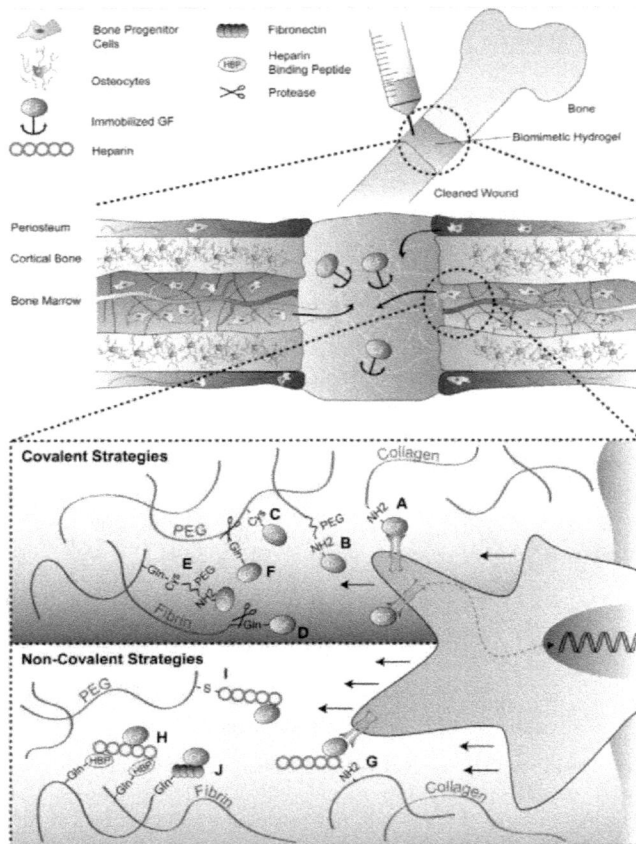

Figure 1.47 – Hydrogels biomimétiques utilisant différentes stratégies basées sur la covalence et l'affinité pour l'immobilisation de facteurs de croissance. (A-F) stratégies covalentes reposant généralement sur des modifications (A, B, E) chimiques (carboxyle, amine ou cystéine) ou (C, D, F) génétiques (ajout de groupements fonctionnels) des facteurs de croissance. (G-J) stratégies non-covalentes employant les affinités naturelles pour l'héparine (G-I) ou la fibronectine (J) pour immobiliser les facteurs de croissance [297].

b. La bioactivité

D'autres additifs biologiquement actifs peuvent être ajoutés aux hydrogels tels que les BMP ou les FGF [321, 325]. Les petites molécules peuvent diffuser très rapidement et lorsqu'elles sont conjuguées à un polymère il est possible de contrôler leurs libérations [326]. La biomolécule active BMP-2 a été utilisée pour réparer les défauts osseux. Par exemple, le peptide synthétique dérivé de la BMP a été conjugué à un gel d'alginate pour des applications de régénération osseuse [311].

1.3.5   Les applications du complexe hydrogel/cellules

Les hydrogels associés à des cellules sont des matériaux d'échafaudage intéressants pour des applications d'ingénierie tissulaire osseuse (figure 1.48). En ajoutant des cellules à un hydrogel avant que le processus de gélification ne se termine, les cellules peuvent être réparties de façon homogène dans tout l'échafaudage. Les cellules peuvent être encapsulées aussi bien dans des hydrogels naturels que dans des hydrogels synthétiques [299]. En outre, les combinaisons de polymères naturels et artificiels peuvent être utilisées pour assurer un bon comportement de dégradation de la matrice après l'implantation [298]. Les ostéoblastes, comme les fibroblastes ou les chondrocytes sont immobilisés et attachés à ces échafaudages d'hydrogel avec succès. Par exemple, des matériaux naturels modifiés par greffage de peptides RGD ont montré qu'ils pouvaient influencer l'adhérence des ostéoblastes [308].

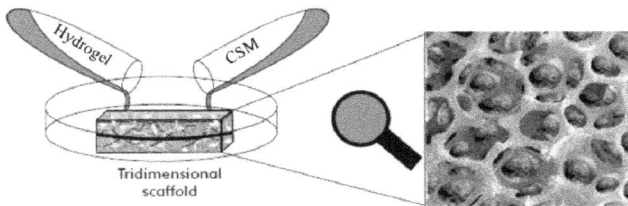

Figure 1.48 – Préparation d'une matrice 3D d'hydrogel contenant des cellules ostéoprogénitrices (http ://scielo.sld.cu/img/revistas/bta/v27n3/f0102310.gif).

Un exemple d'hydrogel naturel cellularisé employé dans le domaine de l'ingénierie tissulaire osseuse est le gel de fibrine. Lorsque des CSM sont encapsulées dans un gel de fibrine, elles prolifèrent, mais à un rythme plus lent que sur une culture en monocouche. Néanmoins, l'encapsulation a permis d'accroître la différenciation ostéogénique et la production de MEC, par rapport à la culture en monocouche. Le tissu minéralisé peut s'accumuler dans les pores formés dans le gel de fibrine, qui étaient entourés au préalable par de nombreuses cellules [327,328]. Même si les CSM se sont engagées dans la différenciation ostéoblastique, elles ne sont pas pleinement différenciées en ostéoblastes matures après les 28 jours de culture *in vitro* [323]. Pour mettre en évidence le phénotype des CSM, la différenciation ostéogénique a été mesurée par l'expression de la phosphatase alcaline, l'ostéopontine, la sialoprotéine osseuse (BSP), et l'ostéocalcine.

Les polymères synthétiques biodégradables, les polyesters aliphatiques ont été les plus étudiés pour des applications en ingénierie du tissu osseux. Ces polymères sont connus pour leur bonne ostéocompatibilité et ont montré que les cellules adhérentes conservaient leur phénotype ostéoblastique [329–331]. Plusieurs méthodes de fabrication ont été développées pour former des matrices 3D à partir de ces polymères tels que le lessivage de particules [332–334]. Les matrices PLAGA ont été testées comme matrices pour libérer des facteurs de croissance tels que les BMP afin d'accélérer la régénération osseuse [335]. Un autre type d'échafaudage favorisant la réparation osseuse sont ceux à base de PLAGA saturés en fibrine qui ont permis de moduler l'invasion tissulaire *in vivo* pour la régénération de l'os [336]. Le PCL est un autre polyester aliphatique actuellement employé pour des applications d'ingénierie osseuse [337]. Toutefois, le profil majeur de dégradation du PLAGA soulève quelques préoccupations sur son utilisation en tant que matrice. En effet, lors de la dégradation du PLAGA, une majorité des propriétés mécaniques sont perdues, conduisant à l'échec de l'implant. Par conséquent, l'érosion de surface des polymères est à prendre en considération pour des applications d'ingénierie tissulaire osseuse [338, 339]. Les polyanhydride-co-imides semblent être de meilleurs candidats pour la régénération osseuse en raison de leurs propriétés mécaniques supérieures à celles des polyanhydrides [340, 341]. D'autres polymères étudiés pour l'ingénierie tissulaire osseuse comprennent les polyphosphazènes, les polyphosphoesters, les polycarbonates et les polyester-uréthannes.

Récemment, les hydrogels photopolymérisables [342, 343] ont été utilisés pour de nombreuses applications de croissance osseuse [304, 323, 344]. Cette méthode de photoréticulation permet à la solution de polymères de se gélifier *in situ*. Ainsi le réseau de polymères moulera parfaitement la forme du site d'implantation [315] ce qui est un avantage pour des applications cliniques.

Dans le domaine de l'ingénierie du tissu osseux, les polymères composites sont sollicités et notamment ceux associés à des minéraux inorganiques tels que l'HA [345–349].

Pour éliminer définitivement la morbidité des prélèvements, les chirurgiens se sont tournés vers l'ingénierie du tissu osseux. L'ingénierie de l'os est très développée car il est aisé d'isoler, d'amplifier et de différencier des cellules souches (moelle osseuse, tissu adipeux) en ostéoblastes. Les applications cliniques utilisent le principe d'ingénierie tissulaire pour traiter des défauts osseux de grande taille (4 − 7 cm) [350]. De nombreuses études ont démontré une formation osseuse suite l'application locale d'hydrogel dans divers modèles animaux [311, 319, 351]. Lorsque les CSM de la moelle osseuse encapsulées dans des particules de gel d'alginate ont été implantées au niveau de défauts osseux du tibia, les cellules se sont spontanément différenciées en ostéoblastes [319]. Un autre exemple, les hydrogels de gélatine complexés à des facteurs de croissance utilisés pour combler une perte de substance osseuse au niveau de fémur de rat, entraînent l'induction des marqueurs de minéralisation ostéoblastiques et l'amélioration de la régénération osseuse [352]. Enfin la BMP-2 humaine recombinante contenue dans des hydrogels synthétiques a permis de remodeler le tissu osseux lorsque les gels sont implantés dans des défauts de taille critique au niveau de la calvaria de rat [311].

Pour progresser dans le domaine de la réparation de défauts osseux de grande taille, les principales améliorations à apporter sont une néovascularisation et un pouvoir ostéogénique induits par le biomatériau [353]. La néovascularisation ou prévascularisation est indispensable pour deux raisons : premièrement pour l'intégration de l'implant dans un terrain hostile peu vascularisé et deuxièmement pour l'acheminement de nutriments et l'élimination de déchets biologiques au sein du biomatériau de grande taille. Dans le cas de gel très épais (plus de 100 μm), il est préférable d'y incorporer des facteurs protéiques favorisant l'angiogenèse. Ainsi, les vaisseaux sanguins arriveront au contact direct des cellules encapsulées ce qui permettra une meilleure diffusion des nutriments et du dioxygène (distance à parcourir plus courte).

CHAPITRE 2

OBJECTIFS

Actuellement, de nombreux matériaux de substitution et/ou de comblement osseux sont utilisés tels que les alliages métalliques, les céramiques de phosphate de calcium ou les polymères. Toutefois, leur performance est insuffisante car l'adaptation aux contraintes environnementales imposées par les tissus voisins n'est que partielle. S'ajoute à cela une faible capacité de colonisation et un défaut de vascularisation suite à l'implantation du biomatériau. Pour résoudre ce problème, l ingénierie tissulaire développe de nouvelles technologies d'assemblages cellulaires, moléculaires et matricielles et des stratégies thérapeutiques pour la régénération du tissu. L ingénierie tissulaire a pour objectif la conception d'organes ou de tissus bioartificiels issus de l'association dans un même système : d'une composante synthétique ou artificielle, d'une composante cellulaire ou tissulaire et de facteurs biochimiques et mécaniques.

Ce projet de thèse s'inscrit dans cette thématique de recherche dont le but final a été de concevoir un produit d'ingénierie osseuse innovant associant une matrice d'hydrogel 3D et des ASC dérivées du tissu adipeux. Ces travaux ont été réalisés à partir d'une nouvelle classe d'hydrogel généré par auto-assemblage de monomères de faible poids moléculaire. Le composé de base du gel est un monomère de Glycosyl-Nucléoside-Fluoré (GNF) synthétisé chimiquement par l'équipe du Professeur P. Barthélémy [354]. L'un des enjeux majeurs de cette thèse a été de mettre en évidence l'intérêt biologique de l'hydrogel de GNF ainsi que le potentiel ostéoinducteur du couple hydrogel/ASC. Les différentes étapes à valider avant de pouvoir utiliser l'hydrogel de GNF cellularisé comme produit d'ingénierie ont été :

– la caractérisation des propriétés physico-chimiques de l'hydrogel de GNF,

– la caractérisation des propriétés biologiques intrinsèques de l'hydrogel de GNF : cytocompatibilité, caractère inflammatoire vis à vis de l'hôte, biodégradation et biointégration,

– l'étude de l'association hydrogel/ASC *in vitro* et *in vivo* en site sous cutané chez la souris en terme d'adhésion, de survie, de prolifération et de devenir des cellules implantées,

– l'étude du potentiel ostéo-inducteur du complexe hydrogel/ASC *in vitro* avec l'analyse de la minéralisation et *in vivo* avec l'analyse de la différenciation ostéoblastique des ASC implantées et la minéralisation en site ectopique.

Le résultat final de ce travail a été la réalisation d'un produit d'ingénierie osseuse innovant associant une matrice d'hydrogel 3D et des ASC.

Ce travail a été soutenu par l'Agence Nationale de la Recherche (ANR) dans le cadre de son programme blanc (projet GelCells, appel à projets SIMI 7-2010). Les résultats de cette étude ont fait l'objet de deux publications dont une sera présentée dans le chapitre suivant (la deuxième ne pourra pas être exposée pour cause de confidentialité).

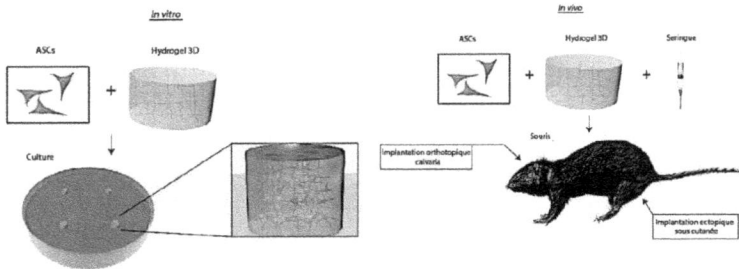

CHAPITRE 3

RÉSULTATS

Nouvelle catégorie d'hydrogel thermosensible pour l'ingénierie tissulaire osseuse

3.1 Introduction

Les hydrogels ont été reconnus comme ayant une variété d'applications dans la délivrance de médicaments, l'ingénierie tissulaire et la médecine régénératrice [245,246]. S'ajoute aux gels de polymère, une récente classe d'hydrogels générés par auto-assemblage de monomères de faible poids moléculaire qui forment des structures supramoléculaires sous certaines conditions physico-chimiques. Ce sont des hydrogels thermosensibles qui ont la capacité de former des gels lorsque la température augmente au-dessus de la température critique de la solution (LCTS), destinée à être inférieure à la température du corps [247]. Ces gels présentent l'avantage de pouvoir incorporer facilement et de façon homogène des cellules ou des biomolécules. Ils sont aussi injectables, permettant ainsi un excellent moulage en taille et en forme du défaut ou de la lésion. L'injectabilité est un critère requis car il permet d'éviter la chirurgie invasive.

Les Glycosyl-Nucléoside-amphiphiles sont une nouvelle classe de molécules gélifiantes de faible poids moléculaire (Low Molecular Weight Gelators ou LMWG) synthétisées par voie chimique au moyen d'une réaction de chimie clic, la réaction de Huisgen. Ces molécules possèdent un sucre, un nucléoside, et un lipide, liés entre eux de manière covalente par des ponts triazole. Cette famille est composée de deux catégories principales : les Glycosyl-Nucléo-Lipides (GNL) [248], qui possèdent une ou deux chaînes lipidiques et les GNF amphiphiles dérivés de groupements fluorocarbonés fortement hydrophobes [249]. Dans cette étude, les GNF utilisés sont caractérisés par trois éléments constitutifs (figure 3.1) : un squelette fluorocarboné hydrophobe (A), un groupe thymidine central (B) et un groupement carbohydrate (C), la chaîne aliphatique fluorée et le carbohydrate étant liés à la thymidine centrale.

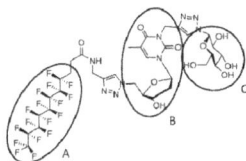

Figure 3.1 – Formule chimique du composé GNF.

Après solubilisation dans un tampon aqueux à haute température (65° C, les composés de GNF s'auto-assemblent en structures supramoléculaires hautement organisées,

formant des hydrogels à la température ambiante. Une élévation de la température
de fusion induit la formation du gel, cette propriété peut avoir des applications intéressantes telles que la libération de médicament par un chauffage local utilisant les
ultrasons ou les thermosondes.

En considérant une similitude dans la structure chimique et le processus de gélification entre GNF et GNL, l'organisation supramoléculaire des hydrogels à base de
GNF est susceptible de ressembler à celle décrite pour les gels à base de GNL sous
forme de nanofibres. Cet arrangement est constitué de têtes polaires (sucre) sur la
surface interne et externe des nanofibres [244] (figure 3.2). La présence de sucre au
niveau de la surface externe hydrophile présente l'avantage de générer une variété de
composés avec des fonctionnalités différentes, en utilisant différents résidus de sucre
ou en les modifiant chimiquement. Un autre intérêt de ces hydrogels est leur capacité
à lier les acides nucléiques, cette propriété pouvant permettre la transfection d'ADN
ou d'ARN dans des cellules [355].

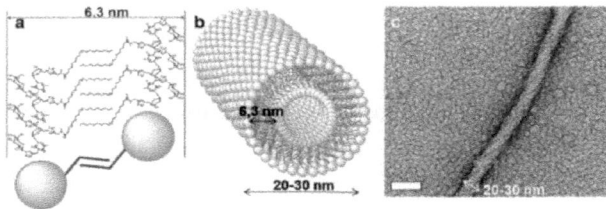

Figure 3.2 – Représentation de l'organisation supramoléculaire du composé GNL.
(a) organisation bidimensionnelle, (b) organisation tridimensionnelle, (c) corrélation
en Microscopie Électronique à Transmission (échelle 50 nm) [354].

Les ASC sont des cellules souches multipotentes ayant la capacité de se différencier
en plusieurs cellules spécialisées de la lignée mésodermique, endodermique et ecto-
dermique, selon les conditions de culture [107]. Cette polyvalence et la facilité relative
avec laquelle ces cellules peuvent être obtenues en font une source prometteuse de cellules régénératrices pour le traitement de plusieurs types de lésions tissulaires [356].
Les ASC sont généralement cultivées en monocouche sur des boîtes de culture, où
elles prolifèrent rapidement tout en conservant leur pluripotence. Lorsque ces cellules sont cultivées en condition de non-adhérence, elles forment spontanément des
agrégats en 3D appelés aussi sphéroïdes. Ces conditions de culture modifient les propriétés des ASC et ont révélé être bénéfiques pour des applications thérapeutiques
(caractère anti-inflammatoire, sécrétion de cytokines) [357].

Dans cette première étude, nous avons caractérisé les propriétés de l'hydrogel à base
de GNF pour des applications potentielles en ingénierie tissulaire. Nous avons évalué
la stabilité du gel *in vitro* et *in vivo* en site sous-cutanée chez la souris. Nous avons

ensuite analysé les interactions entre l'hydrogel de GNF et les ASC *in vitro*. Enfin, nous avons décrit le comportement *in vivo* des complexes hydrogel/ASC soit après l'implantation des biomatériaux préformés ou soit après l'injection des mélanges gel non réticulé/ASC.

3.2 Caractérisations du gel thermosensible de GNF

A THERMOSENSITIVE LOW MOLECULAR WEIGHT HYDROGEL AS SCAFFOLD FOR TISSUE ENGINEERING

Sophia Ziane1,2, Silke Schlaubitz1,2, Sylvain Miraux4, Amit Patwa1,3, Charlotte Lalande1,2, Ibrahim Bilem1,2, Sébastien Lepreux1,2, Benoît Rousseau1, Jean-François Le Meins 5,6 Laurent Latxague1,3, Philippe Barthélémy1,3 and Olivier Chassande1,2.

A THERMOSENSITIVE LOW MOLECULAR WEIGHT HYDROGEL AS SCAFFOLD FOR TISSUE ENGINEERING

Sophia Ziane1,2, Silke Schlaubitz1,2, Sylvain Miraux4, Amit Patwa1,3, Charlotte Lalande1,2, Ibrahim Bilem1,2, Sébastien Lepreux1,2, Benoît Rousseau1, Jean-François Le Meins 5,6 Laurent Latxague1,3, Philippe Barthélémy1,3 and Olivier Chassande1,2.

[1]University of Bordeaux, Bioingénierie Tissulaire, U1026, F-33000 Bordeaux, France

[2]INSERM, Bioingénierie Tissulaire, U1026, F-33000 Bordeaux, France

[3]INSERM, Regulations Naturelles et Artificielles, U869, F-33000 Bordeaux, France

[4]Centre de Résonance Magnétique des Systèmes Biologiques, UMR 5536, Université Bordeaux Segalen - CNRS, Bordeaux, France

[5]University of Bordeaux, LCPO, UMR 5629, F-33600 Pessac, France

[6]CNRS, LCPO, UMR 5629, F-33600 Pessac, France

Address for correspondence :

Olivier Chassande INSERM - U1026 Université Vioctor Segalen F-33076 Bordeaux, France

E-mail : olivier.chassande@inserm.fr

Keywords : Low molecular weight gel, supramolecular assemblies, nucleoside amphiphiles, adipose tissue derived stem cells, and biocompatibility.

Abstract

Hydrogels that are non-toxic, easy to use, cytocompatible, injectable and degradable are valuable biomaterials for tissue engineering and tissue repair. However, few compounds currently fulfil these requirements. In this study, we describe the biological properties of a new type of thermosensitive hydrogel based on low-molecular weight glycosyl-nucleosyl-fluorinated (GNF) compound. This gel forms within 25 min by self-assembly of monomers as temperature decreases. It degrades slowly *in vitro* and *in vivo*. It induces moderate chronic inflammation and is progressively invaded by host cells and vessels, suggesting good integration to the host environment. Although human adult mesenchymal stem cells derived from adipose tissue (ASCs) cannot adhere on the gel surface or within a 3D gel scaffold, cell aggregates grow and differentiate normally when entrapped in the GNF-based gel. Moreover, this hydrogel stimulates osteoblast differentiation of ASCs in the absence of osteogenic factors. When implanted in mice, gel-entrapped cell aggregates survive for several weeks in contrast with gel-free spheroids. They are maintained in their original site of implantation where they interact with the host tissue and adhere on the extracellular matrix. They can differentiate *in situ* into alkaline phosphatase positive osteoblasts, which deposit a calcium phosphate-rich matrix. When injected into subcutaneous sites, gel-encapsulated cells show similar biological properties as implanted gel-cells complexes. These data point GNF-based gels as a novel class of hydrogels with original properties, in particular osteogenic potential, susceptible of providing new therapeutic solutions especially for bone tissue engineering applications.

Introduction

Hydrogels have been recognised as having a variety of applications in drug delivery, tissue engineering and regenerative medicine (Drury et al., 2003 ; Thanos et al., 2008). Beside polymer-based gels, a particular class of hydrogels has more recently emerged that is generated by self-assembly of low molecular weight building blocks, which form supramolecular structures under particular physico-chemical conditions. For example, peptide-based gels have been developed that offer a high versatility in terms of chemical modifications and hence tuneable biological properties (Li et al., 2011 ; Matson et al., 2011). Thermosensitive hydrogels have the capacity to form gels as temperature increases above the critical solution temperature, designed to be below body temperature (Yu et al., 2008). Such gels offer the advantage that cells or biomolecules can be readily and homogenously incorporated into the gelling matrix. They are also potentially injectable, allowing excellent fitting with the defect or lesion size and shape, potentially avoiding open surgery or minimising invasiveness of biomaterials delivery.

Glycosyl-Nucleoside-amphiphiles are a new class of LMWG (Low Molecular Weight Gelators) possessing a sugar, nucleoside, and lipid covalently linked by triazole bridges. This family is composed of two main categories : the Glycosyl-NucleoLipids (GNLs) (Godeau and Barthélémy, 2009), which possess one or two lipid chains and the Glycosyl-Nucleoside Fluorinated amphiphiles (GNF) derived from highly hydrophobic fluorocarbon moieties (Godeau et al., 2010). The GNF used in this study feature three building blocks : a hydrophobic fluorinated carbon backbone, a central thymidine group and a carbohydrate moiety, the fluorinated aliphatic chain and the carbohydrate being linked to the central thymidine (Fig. 1). After solubilisation in an aqueous buffer at high temperature, these compounds have been shown to self-assemble into highly organised supramolecular structures, forming hydrogels at room temperature. Increasing temperature induces gel melting, a property that may have interesting applications such as drug release, if local heating using ultrasounds or thermoprobes can be applied. Considering the similarity in chemical structure and gelling process between GNF and GNLs, the supramolecular organisation of GNF-based hydrogels is likely to resemble the one described for GNL-based gels, consisting of nanofibres with polar sugar heads at the inner and outer surface of nanofibres (Godeau et al., 2009). The presence of sugar on the outer hydrophilic surface offers the advantage of generating a variety of compounds with different functionalities, using different sugar residues or chemically modifying them. Another potential interest of these hydrogels is their capacity to bind nucleic acids, a property that may enable DNA or RNA transfection of cells (Godeau et al., 2009).

Human adipose tissue-derived mesenchymal stem cells (ASCs) are multipotent stem cells with the capacity to differentiate into several specialised cells of the mesoderm lineage such as osteoblasts, chondrocytes and adipocytes as well as into cells of the endoderm and ectoderm lineage, according to culture conditions (Zuk et al., 2002).

This versatility and the relative facility with which these cells can be obtained make them a promising source of regenerative cells for the treatment of several types of tissue damage (Wilson et al., 2011). ASCs are usually grown as monolayers on plastic culture dishes, where they rapidly proliferate while maintaining their pluripotency. When these cells are grown in non-adherent conditions, they spontaneously form three-dimensional aggregates also called spheroids. These culture conditions modify the properties of ASCs and have been shown to be beneficial for therapeutic applications (Frith et al., 2010).

In this study, we investigated the properties of a GNF-based hydrogel for potential applications in tissue engineering. We evaluated the stability of the gel *in vitro* and *in vivo* in subcutaneous position in mouse. We then analysed the interactions of GNF hydrogels with ASCs *in vitro*. Finally, we analysed the *in vivo* behaviour of ASCs-hydrogel complexes either after implantation of preformed biomaterials or following injection of liquid gel-cells mixtures.

Materials and Methods

Synthesis and purification of the GNF compound

The non-ionic GNF-based amphiphile was synthesised in three steps as described previously (Godeau et al., 2010). Briefly, the three steps synthesis developed to produce the GNF takes advantage of a double-click chemistry approach.
Following a first "click" reaction, the starting N-propargylated fluorocarbon (N-propargyl-2H,2H,3H,3H-perfluoroundecanamide) was reacted with 5'-azido-2'- deoxy-thymidine in the presence of CuSO4 and sodium ascorbate in a THF/H2O mixture to afford the expected 2H,2H,3H,3H-perfluoroundecanamide-triazolyl-thymidine intermediate. This fluorocarbon nucleoside intermediate was then treated at room temperature in the presence of potassium carbonate with propargyl bromide to lead to the N-propargylated Thymidine derivative. Finally, the 1-azido-β-D-glucopyranosyl moiety was reacted with the N-propargyl Thymidine derivative in the presence of CuSO4 and sodium ascorbate following a second "click" reaction to provide the expected non-ionic GNF (Fig. 1A). The final product was purified twice by silica gel column chromatography (ethyl acetate/methanol, increasing from 95/5 to 85/15),

providing pure GNF characterised by NMR. Spectroscopic data agreed with the lite-
rature values. The high purity was assessed by a single peak in HPLC analysis (Fig.
1B). HPLC was performed using $2 - 3$ mg GNF dissolved in 1 mL of Acetonitrile :
water $(1 : 4)$ mixture. The solution was applied to a pre-packed HPLC column $250 - 4$
Nucleosil $120 - 5$ C4 analytical (MASHERY-NAGEL). Flow rate was 1 mL/min and
elution was carried out according to Table 1.

Preparation of GNF hydrogel

For all *in vitro* and *in vivo* assays, GNF-hydrogel was prepared at a concentration of 1.5% (w/v). The GNF powder was solubilised in phosphate buffered saline
(PBS) at 65°C, with occasional gentle mixing. For cell culture on hydrogel surface,
the GNF solution was poured into plastic culture dish wells. Full gelation was obtained within 20 min at 37°C. To entrap cells within the gel, the GNF solution was
first cooled down to 37°C, then immediately mixed with cells and aspired in a 1 mL
syringe. The mixture was deposited in culture dish wells and allowed to gelify. For *in
vivo* implantation, the mixture was allowed to gelify within the syringe, then the gel
was expelled by gently pushing the plunger, and sliced as 4 mm long pieces. For *in
vivo* subcutaneous injections, GNF solution was cooled down at 37°C, immediately
mixed with cells, and the mixture was thoroughly applied to the animal site using
a syringe.

Table 1. Elution parameters.

Time (min.)	% Solvent A (Water)	% Solvent (B) Acetonitrile	Flow rate (mL/min)
0.0	100	0	1.0
35.0	0	100	1.0

Rheological study of the GNF hydrogel

The viscoelastic properties of the GNF solution were analysed by dynamical mechanical measurement using a stress controlled rheometer (MCR 301, Anton Paar,
Courtaboeuf, France) and cone plate geometry (diameter 40 mm, angle 2°). The
time dependence of the elastic (G') and viscous moduli (G'') was analysed (25°C,
1 rad/s, shear strain of 1%) immediately after the dissolution process described previously. G' and G'' were measured versus frequency $(100 - 0.1$ rad/s) at the same

temperature after complete gelification.

Adipose tissue derived stem cells (ASCs) culture

Mesenchymal stem cells were isolated from human adipose tissue. Human subcutaneous fat was obtained from healthy patients aged 20 to 80 years old who underwent hip surgery in Bordeaux Pellegrin CHU (Bordeaux, France). Fat mass was separated from other tissues, washed with sterilised PBS, finely cut and incubated with 0.1% collagenase (type I, Sigma-Aldrich, USA) at $37°C$ with gentle agitation for 1 h. Collagenase activity was stopped with an equal volume of Dulbecco's Modified Eagle's Medium/F12 (DMEM-F12, Sigma-Aldrich) supplemented with 10% fœtal bovine serum (FBS, Sigma-Aldrich), 100 μg/mL penicillin and 100 μg/mL streptomycin (PS). After centrifugation at 1000 rpm for 10 min a cell pellet was obtained, suspended in DMEM-F12/10% FBS/PS and filtered through a 100 μm mesh filter in order to remove debris. The filtrate was centrifuged and cell suspension seeded onto conventional culture flask in controlled atmosphere (100% humidity, $37°C$, 5% CO2). Culture medium was refreshed every three days and cells were passed when confluence reached 80%. For *in vitro* and *in vivo* studies ASCs were used at passage 6. ASCs were either seeded on the top of GNF gels at a density of $40,000$ cells/cm^2 or mixed with the cooled GNF solution at a concentration of 1.5 million cells/mL of gel. To generate ASCs spheroid, cells were detached using trypsin/EDTA, recovered and seeded at a density of $2,000$ cells per well onto ultra-low-attachment 96-well suspension culture plates (Hydrocell, Thermo Scientific Nunc, Denmark) and incubated in culture medium in controlled atmosphere. Medium was changed once a week after seeding. To induce ASCs differentiation into osteoblasts, cell aggregates were incubated in Iscove's modified Dulbecco's medium (IMDM) supplemented with 10% FBS, 10 − 7 M dexamethasone, 50 μg/mL ascorbic acid, and 10 mM beta-glycerophosphate for 14 days. Osteoblast differentiation was evaluated by revealing intracellular alkaline phosphatase activity, and calcium deposition in the extracellular matrix. Gel pieces were fixed with 10% formalin during 1 h at room temperature and used for cytochemistry. To stain calcium deposits, samples were incubated in alizarin red (Sigma-Aldrich) (2% in 0.1 M acetic acid) for 5 min and washed five times in PBS. Alkaline phosphatase activity was revealed as previously described (Ackerman et al., 1962). The samples were observed using a Nikon (Tokyo, Japan)

Eclipse 80i microscope.

Lentiviral transduction

The lentiviral vector contained the tdTomato protein gene (Shaner et al., 2004) under the control of the Phosphoglycerate kinase (PGK) promoter. For viral transduction, 2.10^5 freshly trypsinised ASCs were mixed with 6.10^6 viral particles (MOI = 30). After 24 h in culture, virus-containing medium was replaced by fresh medium and cells were allowed to grow. Medium was changed every day for two days. Cells were then amplified and used for *in vitro* and *in vivo* assays. Expression of tdTomato was observed under a fluorescent microscope (Zeiss Axiovert 25 CFL microscope ; Zeiss, Oberkochen, Germany), with excitation and emission maxima equal to 554 nm and 581 nm, respectively.

Evaluation of GNF-hydrogel cytocompatibility

The indirect cytotoxicity of GNF-hydrogel was evaluated by two different assays : cell viability (Neutral Red assay) and cell metabolic activity (MTT assay). GNF hydrogels were incubated in 200 μL culture medium for 24, 48 or 72 h. Conditioned medium was collected. ASCs were prepared and seeded at a density of $8,000$ cells/cm^2 in microtiter plates (Nunc) and cultured in DMEM-F12/10% FBS in controlled atmosphere. When cells reached confluency, the culture medium was replaced by gel-conditioned medium. As controls, ASCs were cultured either in standard culture medium (non cytotoxic control) or in presence of phenol at a concentration of 64 g/L (cytotoxic control). After the incubation periods, medium was removed and MTT solution or Neutral Red solution was added on cells for 3 h according the manufacturer's instructions. Colorimetric measurement of formazan and neutral red were carried out on a spectrophotometer at a wavelength of 540 nm. Results were expressed as a percentage of non-cytotoxic control.

Live/dead viability assay

To evaluate cell viability after 1, 7 or 16 days of culture, aggregated cells were stained using the Live/Dead kit (Molecular Probes) according to the manufacturer's instructions. Spheroids in GNF-gel were incubated for 30 min at 37°C in Hank's medium supplemented with 2 μM calcein-AM and 4 μM ethidium homodimer (EthD-1). The samples were observed using a Zeiss Axiovert 25 CFL microscope.

In vivo implantation of gel-cell complexes

Bilateral subcutaneous injections or implantations were realised on 10-week-old female NOD-SCID mice (central animal facility of the Université Bordeaux Segalen, Bordeaux, France). TdTomato-tagged ASCs spheroids (50 clusters containing 2,000 cells) were either directly injected subcutaneously using a 21-gauge needle, or beforehand mixed with 70 μL of GNF hydrogel. Gel-cells mixture was either implanted with forceps, or injected using a 21-gauge needle in dorsal subcutaneous sites. Five mice were used for each condition and followed for 4 weeks. All procedures and the animal treatment complied with the Principles of Laboratory Animal Care formulated by the National Society for Medical Research. The studies were carried out in accredited animal facilities at the University of Bordeaux Segalen, and were approved by the Animal Research Committee of Bordeaux Segalen University.

In vitro and _in vivo_ imaging of cells

tdTomato-tagged cells were used in order to monitor the fate of ASCs in a non-invasive manner. For the _in vitro_ longitudinal follow-up of cell culture, fluorescence was measured at 540 nm excitation and 580 nm emission using an EnVision multilabel plate reader (Perkin Elmer, Courtaboeuf, France). Fluorescence acquisitions were performed after 1, 7, 11, 14 and 18 days of culture. In living mice, fluorescence of cells was measured using the PhotonImager CCDcamera (Biospace, Paris, France). Mice were maintained under anaesthesia by isofurane inhalation. Acquisition time was 10 s and measurements were performed every week during 1 month. All fluorescence measurements were compensated for the background noise of the GNF hydrogel (negative control).

In vivo imaging of gel by MRI

Degradation of hydrogel was followed by MRI for 2 months. Experiments were performed on a 9.4T system (Bruker, Ettlingen, Germany) equipped with a 4 cm gradient system capable of 950 mT/m maximum strength. Measurements were performed with a birdcage resonator (25 mm diameter and 30 mm length) tuned to 400.3 MHz. *In vivo* MRI experiments were performed at 1, 30 and 60 days after scaffold implantation. Mice were anaesthetised with isoflurane ($1 - 1.5\%$ in air) and maintained at a constant respiration rate of 75 ± 15 respirations/min. The animals were positioned prone within the magnet with the liver at the centre of the NMR coil. A 3D TrueFISP imaging (Miraux et al., 2008) with alternating RF phase pulse method and sum of square reconstruction were used as already described (Miraux et al., 2008) (TE/TR : 2.5/5 ms ; flip angle : 35° ; bandwidth : 271 Hz/pixel ; FOV : $25 \times 25 \times 20$ mm ; matrix : $192 \times 128 \times 96$; spatial resolution : $130 \times 195 \times 208$ mm^3) ; number of averages : 3 ; 8 DeltaPhi values ; total acquisition time : 24 min 35 s).

Histological and immunohistochemical analyses

After 7, 30 or 60 days post-implantation, the mice were sacrificed. Subcutaneous pockets were extracted, fixed in 4% paraformaldehyde for 4 h at 4°C, dehydrated and embedded in paraffin. 4 μm thick sections were de-paraffinised using toluene, rehydrated in decreasing concentrations of ethanol ($100 - 50\%$), washed in distilled water and finally stained with Mayer's hemalum and Erythrosine Masson's trichrome. For immunohistochemistry, anti-mouse CD68 (1/100) (Abcam, Cambridge, UK) was used as primary antibody. A biotinylated secondary antibody (Invitrogen/Life Technologies, Carlsbad, CA, USA) was used and revealed using Histostain-SP kit (Invitrogen/Life Technologies). Osteogenic differentiation on paraffin sections was revealed by Alkaline phosphatase (ALP) and Von Kossa staining. For ALP staining, sections were de-paraffinised and then incubated with Fast Blue RR salt and Naphtol AS-MX Phosphate Alkaline solution 0.25% (Sigma-Aldrich) during 1 h at 37°C in the dark. Von Kossa positive mineralisation was revealed by incubation of paraffin sections in 2.5% silver nitrate for 30 min, then in water for 10 min and finally in 5% formol sodium carbonate for 3 min. The samples were observed using a Nikon Eclipse 80i microscope.

Statistical analysis of data

All statistical analyses were performed using StatEl software (Adscience, Paris, France). For *in vitro* longitudinal follow-up of TdTomato fluorescence, measurements were performed on 6 different wells per condition. For *in vitro* assessment of gel weight, 4 pieces were used in each condition. For *in vivo* MRI imaging of implanted gels, 5 mice were used and followed for 30 days. For *in vivo* measurement of tdTomato fluorescence, 6 mice received Gel-Cells complexes. Assessment of statistical significance of differences observed between time points of kinetics was performed using the paired non-parametric Wilcoxon test.

Results

Physical properties of the GNF-based hydrogel

A short preliminary study was performed in order to evaluate the rheological properties of the hydrogel. Fig. 1C illustrates the time dependence of the elastic and viscous moduli measured just after the preparation process described above. The time passed between aspiration of the warm GNF solution in a syringe, loading into the cone plate geometry, and reaching the first experimental point is estimated to be less than 2 min. It is interesting to note that even at short times (< 200 s) the system presents an elastic modulus higher than the viscous modulus, suggesting that the structuration process is already engaged. Thereafter, both moduli increased before reaching a plateau value at $\sim$ 30 min, illustrating that the structuration process is almost completed. The final elastic modulus is $\sim$ 5 times the viscous modulus. After 30 min, a mechanical spectrum of the GNF sample was acquired. The GNF sample showed a very clear rheological signature of a weak gel in the frequency range investigated, as illustrated in Fig. 1D : the elastic character is dominant, the amplitude of G' is around $500 - 1000$ Pa, ($\sim$ 5 times the value of G'') with a slight frequency dependence (Clark and Ross-Murphy, 1987 ; Almdal et al., 1993 ; Chronakis et al., 1996).

In vitro and *in vivo* stability of the GNF hydrogel

To assess the stability of the GNF hydrogel *in vitro*, gel pieces were incubated in flasks containing cell culture medium with 10% serum. Gel blocks were weighed after different periods of incubation. The graph in Fig. 2A shows the linear time course of gel degradation. Extrapolation of the graph shows that half of the initial gel mass was lost after 35 days. To analyse the influence of the incubation medium on gel degradation, gel pieces were incubated for 30 days in phosphate-buffered saline, serum-free culture medium or culture medium containing 10% fœtal calf serum as in the experiment shown in the graph. Interestingly, mass loss was not significant in phosphate-buffered saline (Fig. 2A & Table), but decreased by 21% in serum-free culture medium, and by 45% in complete culture medium. These data suggest that gel stability heavily depends on the chemical composition of the medium. Notably, weight decrease correlated with increased fragility of the gel, resulting in fragmentation upon handling. These observations suggest that weight decrease was caused by destruction of the supramolecular structure resulting in progressive gel degradation and fragmentation. Since GNF hydrogels were aimed at *in vivo* applications, we studied the stability of gel blocks implanted in subcutaneous position in mice. The longitudinal follow-up of implanted gel blocks was achieved by MRI, which allowed the detection of the highly aqueous hydrogel (Fig. 2B1) and the measurement of its volume (Lalande et al., 2011). Gel volume decreased with a linear time course, with half degradation observed around 30 days after implantation (Fig. 2B2). To confirm these data and further analyse the interactions between the GNF-based hydrogel and host tissues, biopsies containing gel pieces were collected either seven days or eight weeks after implantation, and stained with Mayer's hemalum and Erythrosine Masson's trichrome. Fig. 3A, B shows that 7 days after implantation, the gel was still compact, showing very few cracks delineated by scattered host cells. 60 days after implantation (Fig. 3C,D), only few small gel fragments could be observed, that were embedded in fibroblastoid cells. A layer of fibrous extracellular matrix delineated the borders of the implanted gel block. Blood vessels were observed in the fibrous tissue that invaded the gel (Fig. 3E).

We then examined whether GNF-based hydrogels elicited a chronic inflammatory response when implanted in mice. For this purpose, we collected biopsies 30 days after implantation and used antibodies raised against the CD68 antigen, which recognise cell lysosomes, to evaluate the inflammatory response of mouse tissues. Anti-CD68 antibodies revealed the presence of a few macrophages in the vicinity of the gel fragments (Fig. 4B,C), suggesting a moderate chronic inflammation.

Interaction of ASCs with GNF-based hydrogels

We checked whether the GNF hydrogel could release compounds that could be cytotoxic for ASCs. Culture medium incubated for 24, 48 or 72 h with GNF-hydrogels showed no significant cytotoxicity when added onto ASCs for 48 h, as assessed by MTT and neutral red assays (Fig. 5A,B). We then analysed the interactions of ASCs with the GNF hydrogel. When ASCs were seeded onto 1.5% GNF gels, all cells attached to the gel surface after less than 24 h Fig. 6A, day 1). However, in contrast with cells seeded on polystyrene dishes, the cells did not spread, but retained a round shape. The fluorescence of the stably expressed tdTomato protein increased with time when cells were grown on plastic culture dishes (Fig. 6B). When cells were seeded on the GNF gel, the signal remained stable for one week and then rapidly decreased during the second week in culture medium, suggesting that cell death occurred after one week in these conditions. Very few cells were still present 14 days after seeding (Fig. 6A, day 18).

When cells were entrapped within the gel scaffold, they were uniformly distributed but remained round-shaped (Fig. 6A, 3D_GNF, day 1). Like cells seeded on the gel surface, most of the cells died within 2 weeks of culture (Fig. 6A, 3D_GNF, day 18; Fig. 6B).

ASCs have the property to form aggregates when they are not allowed to adhere to a substrate. Pre-formed ASCs aggregates included in the GNF gel matrix retained a spheroid organisation for at least three weeks (Fig. 7A). Cell number within the aggregates, evaluated by the fluorescence of the tdTomato protein, was stable over at least two weeks, either when clusters were cultured as free entities (Fig. 7B, white bars) or when they were included in the GNF hydrogel (Fig. 7B, black bars). Live-dead assays showed the excellent viability of the aggregated cells after two weeks in culture (Fig. 7C).

In vivo assessment of GNF as scaffold for ASCs grafting In order to challenge the benefits of GNF hydrogels for cell grafting efficiency, ASCs spheroids expressing the tdTomato protein were implanted into the dorsal subcutaneous region of athymic

NOD-SCID mice, in the presence or absence of hydrogel. Cell growth was monitored non-invasively by measuring tdTomato fluorescence emitted from the area of implantation (Fig. 8A). When cell aggregates were injected without gel, the fluorescence decreased rapidly over time (Fig. 8B). 30 days after implantation, only 18% of the initial signal was still detected. Histological examination of biopsies 30 days after injection revealed the presence of few scattered fluorescent cells (Fig. 8C1). When these cell aggregates were encapsulated into GNF hydrogels prior to implantation, the fluorescence persisted and even tended to increase with time (Fig. 8B). Biopsies showed a bulk of dense fluorescent cells in biopsies (Fig. 8C2). Human cells were concentrated around the gel pieces (Fig. 8C4) and were not found in the periphery of the implantation site, which contained host cells (Fig. 8C5). Similarly, when cells were mixed with liquid GNF solution and injected, a strong sustained signal was detected at the site of implantation over time (Fig. 8B), and the cells were found as aggregates in biopsies (Fig. 8C3).

GNF hydrogel promotes the differentiation of ASCs into functional osteoblasts *in vitro* and *in vivo*

After showing that the GNF hydrogel enables ASCs survival *in vitro* and *in vivo* and maintains them in the implantation site, we examined whether it could influence cell differentiation. 7 days after the onset of the culture in basal medium (BM), a significant proportion of alkaline phosphatase (ALP) positive cells were observed in ASCs spheroids grown inside GNF hydrogels (+GNF), whereas very few positive cells were found in spheroids grown in the absence of gel (−GNF) (Fig. 9A). Osteogenic medium (OM) enhanced ALP staining in the absence and presence of gel. Extracellular matrix was weakly positive for alizarin red staining only in gel-embedded spheroids, revealing partial mineralisation of the matrix. Osteogenic medium enhanced alizarin red staining in both conditions (Fig. 9B). 14 days after culture onset, gel-associated spheroids contained a large proportion of ALP-positive cells, and exhibited a thick external layer of matrix containing embedded cells. Moreover, this matrix stained strongly positive for alizarin red, suggesting the deposition of calcium phosphate. In contrast, in gel-free spheroids ALP positive cells were fewer and the extracellular matrix was much less extended and alizarin red staining was fainter. Osteogenic medium enhanced ALP and alizarin red staining in gel-free ASCs spheroid cultures but did not have any additional effect in the presence of GNF gel. When gel-cells complexes were implanted in mice, ALP, TdTomato positive cells were found within the biopsy (Fig. 9C). Von Kossa staining revealed the presence of calcium phosphate deposits. In contrast, when cell free GNF blocks were implanted, no ALP-positive cells was found and no Von Kossa positive staining was observed.

Discussion

This study reveals numerous interesting properties of a new type of hydrogel as a vector for cell graft and its potential applications for skeletal tissue engineering. The compound used to form the gel is fully chemically synthesised, avoiding the side effects of natural products in hosts such as allergy and severe inflammation. Gel formation is achieved by cooling the hot GNF solution, avoiding any chemical cross-linking that would require potentially harmful reagents. Moreover, gellification occurs slowly, allowing the safe mixing of cells at 37°C before gel formation is completed. This property also offers the possibility to inject the GNF solution and to let it form gel *in situ*. GNF-based hydrogels show a relatively slow degradation rate, which is similar *in vitro* and *in vivo*. This kinetics is compatible with short periods of *in vitro* cell culture prior to graft. It is also compatible with the requirements of spongious bone tissue engineering, in which degradation of the hydrogel and its replacement by newly formed tissue is desirable (Vinatier et al., 2006). The mechanisms underlying the degradation of the GNF-based gel are unclear. Comparison of gel degradation rates in different media suggests that molecular species within the culture medium affect gel stability. Moreover, the presence of serum significantly accelerates gel degradation, suggesting the participation of proteins in the process. Whether the decrease of gel weight results from a shift in the balance between supramolecular structures and GNF monomers towards soluble monomers, or whether active degradation through enzymes present in the serum requires further investigations. Given the exquisite sensitivity of the gel to the biochemical environment, it is likely that gel stability *in vivo* will depend on the implantation site. To explore the biological properties of GNF-based hydrogels, we have analysed the biocompatibility of GNF-based hydrogels with cells and tissues. Our studies show that the gel does not release compounds that would be toxic for ASCs, after 3 days of incubation in culture medium. These observations are consistent with previous studies that showed that low concentrations of soluble GNF did not have any cytotoxic effects (Godeau et al., 2009). Thus, GNF-based hydrogels appear cytocompatible. Finally, GNF-based hydrogels produced a moderate chronic inflammation after subcutaneous implantation in mouse. Given the deleterious effects of strong inflammatory reactions for the tolerance and therapeutic efficiency of biomaterials (Nilsson et al., 2010), this property of GNF-based hydrogels appears favourable to tissue engineering applications. Together, these properties point the GNF-based hydrogel as a biocompatible and degradable biomaterial, potentially suitable for tissue engineering applications.

To explore this potential further, the interactions of GNF-based hydrogel with human mesenchymal stem cells isolated from the adipose tissue were studied in different configurations. This scaffold was clearly not compatible with the survival and growth of isolated ASCs, either as two or three dimension cultures. The poor survival of cells is unlikely to be due to the release of toxic compounds from the degrading gel, since our data show the absence of toxicity of gel-conditioned medium and since cell spheroids could survive in these gels. Moreover, as illustrated by the dynamical mechanical analysis, the GNF-based hydrogel presents a typical rheological signature of a weak-gel, suggesting that the poor viability of stem cell is not due to its high stiffness. Instead, we hypothesise that although cells can attach to the gel surface, integrins at the cell surface do not find any substrate within the gel to which they could bind and that would provide the signals required for cell survival and differentiation (Prowse et al., 2011). The round shape of the gel-associated cells supports this hypothesis. Although the GNF-based gel is not compatible with the growth of isolated cells, our data show that it supports the survival of ASCs aggregates. Cell aggregates have several potential advantages for tissue engineering. ASCs have been shown to differentiate into several cell types more efficiently than adherent cultures on plastic dishes (Frith et al., 2010). ASCs aggregates have also been reported to exhibit anti-inflammatory properties (Bartosh et al., 2010). Of note, our data show that ASCs embedded in GNF-based hydrogels are engaged into osteoblast differentiation in basal medium. This effect may be caused by degradation products of the gel, which could induce cell differentiation. Alternatively, it may be due to the microenvironment created by the gel, which results in cell confinement and may favour the local concentration of osteogenic cell-secreted cytokines.

Since GNF-based hydrogel proved to be a good carrier for cell aggregates, we examined its potential benefits for their *in vivo* implantation. Whereas in the absence of gel, cells progressively disappeared from the implantation site, encapsulated spheroids survived for at least several weeks. It is not possible to determine whether loss of unprotected cells resulted from cell death or cell migration towards other sites. Therefore, the mechanisms by which the gel prevents cell loss remain unclear. Remarkably, a few weeks after implantation, exogenous cells are not only alive and concentrated at the implantation site, but they also exhibit typical fibroblastoid morphology, suggesting that they have lost the spheroid organisation, and that they deposit extracellular matrix and adhere to it. Moreover, the presence of calcium phosphate in the vicinity of gel-associated ASCs and the identification of alkaline positive cells around the gel pieces reveal that the GNF-based hydrogel promotes osteoblast differentiation *in vivo*, without prior treatment with osteogenic factors. Our data also show that host cells can colonise the gel as it degrades, suggesting that they can interact with implanted exogenous cells. Finally, they show that blood vessels invade the gel fragments, providing a vascularised environment to the exogenous cells. Another advantage of GNF-hydrogels is easy injection of entrapped cells, which remain concentrated at the implantation site and survive for weeks. Their behaviour is very similar to the one of cells incorporated to the hydrogel prior to implantation, suggesting that *in situ* gel formation is equivalent to prior *in vitro* gelling in terms of biological properties.

In summary, our investigations point to GNF-based gels as a novel class of hydrogels with a panel of original biological properties which make them promising agents for bone tissue engineering. In particular, the possibility to inject gel-cell complexes, the capacity of encapsulated cells to differentiate into osteoblasts without osteogenic factors point to this hydrogel as a promising tool for the regeneration of spongious bone. Moreover, due to the modularity of the chemical structure of GNF compounds, it will be possible to design and synthesise several new molecules differing either by their sugar, nucleoside or aliphatic chain moiety and displaying a variety of biological properties.

Acknowledgements

This work was supported by the French National Agency (ANR) in the frame of its Programme Blanc (project GelCells, appel à projets Blanc SIMI 7-2010).

References

Ackerman GA (1962) Substituted naphthol AS phosphate derivatives for the localization of leukocyte alkaline phosphatase activity. Lab Invest **11** : 563-567.

Almdal K, Dyre J, Hvidt S, Kramer O (1993) Towards a phenomenological definition of the term 'gel'. Polym Gels Networks **1** : 5-17.

Bartosh TJ, Ylöstalo JH, Mohammadipoor A, Bazhanov N, Coble K, Claypool K, Lee RH, Choi H, Prockop DJ (2010) Aggregation of human mesenchymal stromal cells (MSCs) into 3D spheroids enhances their antiinflammatory properties. Proc Natl Acad Sci USA **107** : 13724-13729.

Chronakis IS, Piculell L, Borgström (1996) Rheology of kappa-carrageenan in mixtures of sodium and cesium iodide : two types of gels. J Carbohydr Polym **31** : 215-225.

Clark AH, Ross-Murphy SB (1987) Structural and mechanical properties of biopolymer gels. Adv Polym Sci **83** : 57-192.

Drury JL, Mooney DJ (2003) Hydrogels for tissue engineering : scaffold design variables and applications. Biomaterials **24** : 4337-4351.

Frith JE, Thomson B, Genever PG (2010) Dynamic three-dimensional culture methods enhance mesenchymal stem cell properties and increase therapeutic potential. Tissue Eng Part C Methods **16** : 735-749.

Godeau G, Barthélémy P (2009) Glycosyl-nucleoside lipids as low-molecular-weight gelators. Langmuir **25** : 8447-8450.

Godeau G, Bernard J, Staedel C, Barthélémy P (2009) Glycosyl-nucleoside-lipid based supramolecular assembly as a nanostructured material with nucleic acid delivery capabilities. Chem Commun (Camb) **14** : 5127-5129.

Godeau G, Brun C, Arnion H, Staedel C, Barthélémy P (2010) Glycosyl-nucleoside-fluorinated based amphiphiles as components of nanostructured hydrogels. Tetrahedron Lett **51** : 1012-1015.

Lalande C, Miraux S, Derkaoui SM, Mornet S, Bareille R, Fricain JC, Franconi JM, Le Visage C, Letourneur D, Amédée J, Bouzier-Sore AK (2011) Magnetic resonance imaging tracking of human adipose derived stromal cells within three-dimensional scaffolds for bone tissue engineering. Eur Cell Mater **21** : 341-354.

Li X, Yi Kuang, Shi J, Gao Y, Lin H-C, Xu B (2011) Multifunctional, biocompatible supramolecular hydrogelators consist only of nucleobase, amino acid, and glycoside. J Am Chem Soc **133** : 17513-17518.

Matson JB, Stupp SI (2012) Self-assembling peptide scaffolds for regenerative medicine. Chem Commun (Camb) **48** : 26-33.

Miraux S, Massot P, Ribot EJ, Franconi J-M, Thiaudiere E (2008) 3D TrueFISP imaging of mouse brain at 4.7T and 9.4T. J Magn Reson Imaging **28** : 497-503.

Nilsson B, Korsgren O, Lambris JD, Ekdahl KN (2010) Can cells and biomaterials in therapeutic medicine be shielded from innate immune recognition ? Trends Immunol **31** : 32-38.

Prowse ABJ, Chong F, Gray PP, Munro TP (2011) Stem cell integrins : implications for ex-vivo culture and cellular therapies. Stem Cell Res **6** : 1-12.

Shaner NC, Campbell RE, Steinbach PA, Giepmans BNG, Palmer AE, Tsien RY (2004) Improved monomeric red, orange and yellow fluorescent proteins derived from Discosoma sp. red fluorescent protein. Nature Biotechnology **22** : 1567-1572.

Thanos CG, Emerich DF (2008) On the use of hydrogels in cell encapsulation and tissue engineering system. Recent Pat Drug Deliv Formul **2** : 19-24.

Vinatier C, Guicheux J, Daculsi G, Layrolle P, Weiss P (2006) Cartilage and bone tissue engineering using hydrogels. Biomed Mater Eng **16** : 107-113.

Wilson A, Butler PE, Seifalian AM (2011) Adipose-derived stem cells for clinical applications : a review. Cell Prolif **44** : 86-98.

Yu L, Ding J (2008) Injectable hydrogels as unique biomedical materials. Chem Soc Rev **37** : 1473-1481.

Zuk PA, Zhu M, Ashjian P, De Ugarte DA, Huang JI, Mizuno H, Alfonso ZC, Fraser JK, Benhaim P, Hedrick MH (2002) Human adipose tissue is a source of multipotent stem cells. Mol Biol Cell **13** : 4279-4295.

Discussion with Reviewers

Reviewer I : In the cell attachment experiments, normally cells will attach to the biomaterial surface by interacting with binding proteins from the serum, such as serum soluble fibronectin and others. If the serum is helping the hydrogel to degrade, it makes sense that the surface is unstable and therefore loaded cells will have trouble in binding to it. Please, make comments on this aspect. The same can be said when cells are encapsulated, where low cell-surface interaction is really observed. In this case, cells within the spheroid interact with each other and not with the matrix.

Authors : This is an interesting hypothesis. However, we think that the very low rate of degradation cannot account for the low interaction of cells with the gel. Moreover, we do observe cell attachment, but not cell adhesion and spreading, suggesting that interaction occurs, but not through integrins, obviating cell survival signals.

Reviewer II : The authors report a moderate chronic inflammation after subcutaneous implantation in mouse, which is a very good outcome, but when targeting bone repair, the low molecular weight hydrogel will be located in a damaged organ, close to bone marrow, which can then elicit a stronger inflammation/foreign body reaction. Could the authors comment and suggest a possibility to decrease the potential foreign body reaction of self-assembling hydrogels?

Authors : We have performed preliminary experiments in which we injected the GNF-based hydrogel into a epi-metaphyseal femur defect in rat. Neither MRI images nor histological analysis of longitudinal sections revealed significant inflammation. In parallel with the current studies focusing on human stem cells-hydrogel interactions, we are developing investigations aimed at encapsulating different molecules in nanoparticles, which could themselves be entrapped in gels for controlled drug delivery. However, these studies have just been initiated.

Reviewer II : The authors suggested that GNF-based gel is not compatible with the growth of isolated cells. Did the authors tried to encapsulate chondrocytes or nucleus pulposus cells in their hydrogels? The GNF hydrogels may be more adequate for cartilage or nucleus pulposus tissue engineering. It would be interesting to have the comment of the authors on this aspect.

Authors : Our data clearly show that the GNF hydrogel does not allow the growth of isolated mesenchymal stem cells. We are starting studies with chondrocytes from articular cartilage. We expect the GNF hydrogel to be compatible with the growth of chondrocytes. Indeed these cells have been show to grow and differentiate in a variety of hydrogels without the need for adhesion.

Reviewer II : It is very interesting that the GNF can induce "osteogenic" like behaviour of cells in pellet in a basal medium. It would be interesting to have the comments of the authors and how the mechanism of such phenomena could deciphered. Would it be possible to know if this is a clustering effect or an effect of the GNF single molecules?

Authors : Our preliminary studies suggest that the single GNF molecules do not have any positive effect of osteoblastic differentiation of mesenchymal stem cells. These experiments have been performed by adding increasing concentrations of GNF (however at lower concentrations than those used to allow gel formation). Hence, we infer that the mechanisms accounting for the commitment to osteoblast are more related to the clustering effect. Local accumulation of growth factors is one possible mechanism.

Fig. 1. Rheological properties of a hydrogel formed with pure glycosyl-nucleosyl-fluorinated compound. (**A**) Developed formula of the GNF compound synthesised by double click chemistry. The fluorinated carbon chain (1) and the glucose moiety (2) are connected to the thymidine (3) by propargyl groups. (**B**) HPLC profile of the GNF compound following silica gel chromatography. (**C**) Time course of elastic (G$'$) and viscous (G$''$) moduli of the GNF-based solution immediately after solubilisation at 65°C and transfer of the liquid GNF solution (included picture, left) into the rheometer tank at room temperature. Note that the curves reach a plateau after 1,500 s (25 min). At this time, gel is completely formed (included picture, right). (**D**) Elastic (G$'$) and viscous (G$''$) moduli of GNF-based hydrogels measured at the plateau at different stimulation frequencies.

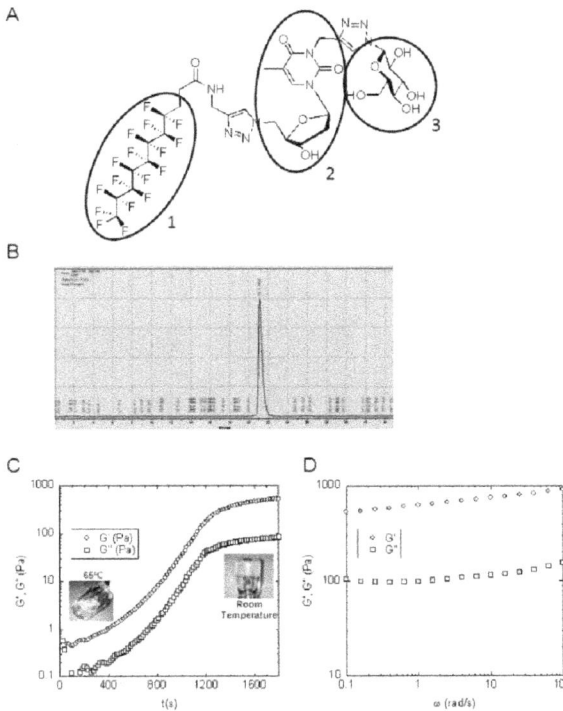

Fig. 2. *In vitro* (**A**) and *in vivo* (**B**) stability of the GNF hydrogel. (**A**) Weight of gel pieces after various periods of incubation in DMEM/F12 medium containing 10% foetal calf serum (graph). 8 gel pieces were weighed at different times after carefully removing excess liquid. In a separate experiment (**Table**), gel pieces were incubated for 30 days in either phosphate-buffered saline, or in DMEM/F12 without serum or in DMEM/F12 containing 10% foetal calf serum. Results are expressed as mean weight ± standard deviation. (**B1**) Typical image obtained by MRI of living mice at days 1, 30 and 60. (**B2**) Volume of subcutaneously implanted gel pieces, determined from MRI images 1, 30 and 60 days after implantation. Results are expressed as mean volume ± standard deviation.

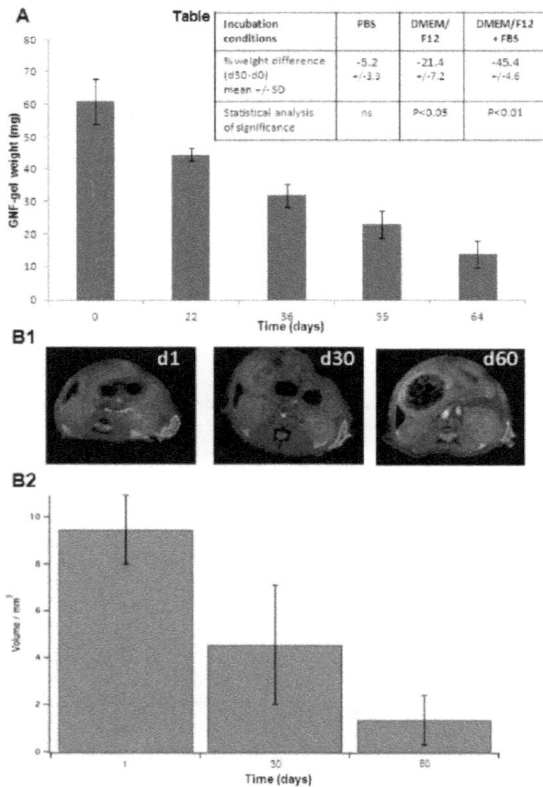

Incubation conditions	PBS	DMEM/F12	DMEM/F12 + FBS
% weight difference (d30-d0) mean +/- SD	-5.2 +/-3.3	-21.4 +/-7.2	-45.4 +/-4.6
Statistical analysis of significance	ns	P<0.05	P<0.01

Fig. 3. Histological sections of biopsies 7 days (D7) and 60 days (D60) after subcutaneous implantation of GNF-hydrogel in NOD mice. Sections were stained with Masson's trichrome and examined at ×2, ×20 and ×40 magnification. Stars : gel blocks ; Arrowheads : fibroblastoid cells invading the gel ; Black arrows : fibrous extracellular matrix ; red arrow : blood vessel.

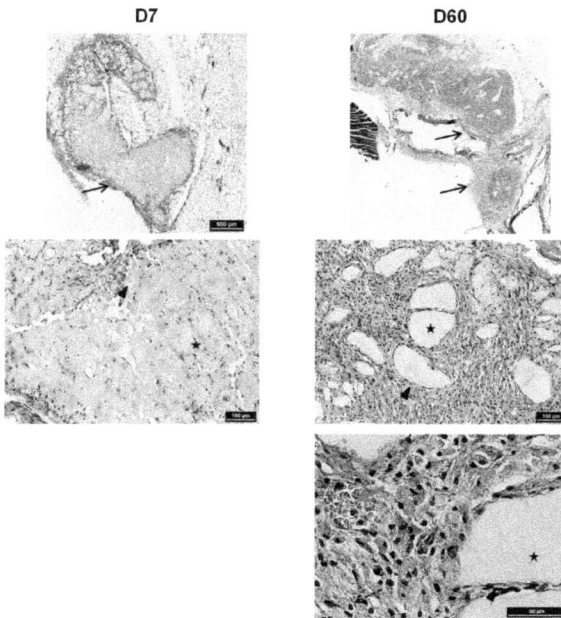

Fig. 4. Histological examination of inflammatory response to GNF gel implantation. Immunohistochemical staining of biopsies 30 days after gel implantation using anti-mouse CD68 antibody. Sections were treated either with (CD68) or without (control) primary antibody. Stars : gel fragments ; Arrowheads : fibroblastoid lining cells ; arrow : CD68 positive macrophage.

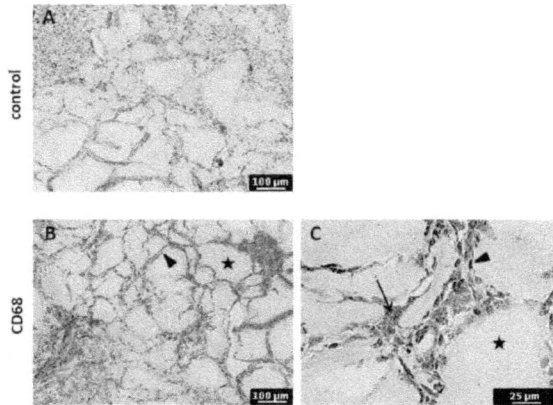

Fig. 5. ASCs metabolic activity (**A**) and viability (**B**) assays. ASCs were cultured in medium conditioned with GNF-hydrogel for 24, 48 or 72 h. Metabolic activity was evaluated by MTT assay; Viability was evaluated by neutral red uptake. Results (white bars) are expressed as percentage of the values obtained with control samples incubated with normal culture medium (grey bars) and compared to phenol-treated samples (black bars). Statistical significance of differences was assessed by the Mann-Whitney U-test. ** : $p < 0.01$.

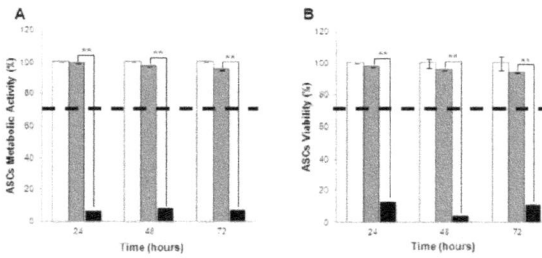

Fig. 6. 2D and 3D culture systems using GNF-hydrogel as scaffold. tdTomato tagged ASCs were either seeded onto polystyrene culture dishes (polystyrene, white bars) or on GNF-hydrogel coated wells (2D-GNF, grey bars), or included in GNF-hydrogel (3D-GNF, black bars) and cultured for 18 days. (**A**) ASCs morphology was observed 24 h and 18 days after seeding. (**B**) ASCs growth was followed by measuring the fluorescence of tdTomato protein. Fluorescence is expressed in arbitrary units. Results are expressed as mean ± standard deviation. Statistical significance of differences was assessed by the Mann-Whitney U-test. $*$: $p < 0.05$; $**$: $p < 0.01$.

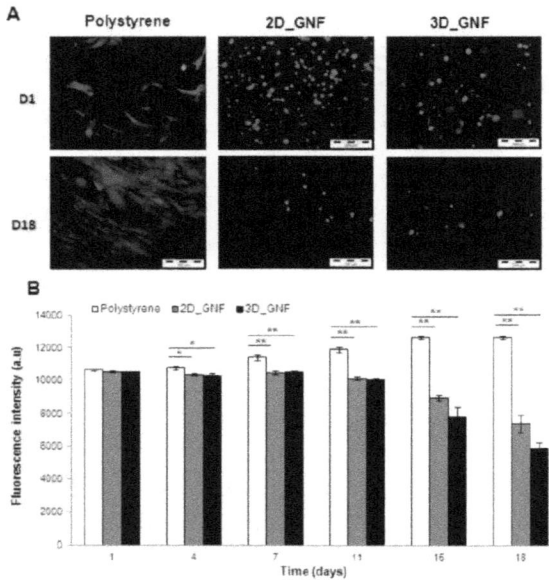

Fig. 7. Culture of tdTomato-expressing ASCs spheroids encapsulated in GNF gel. (**A**) Merged images of the fluorescences of Td-Tomato and of Hoechst after 21 days of culture. (**B**) The cell culture growth of free (open squares) or gel-encapsulated (closed squares) clusters was followed by measurement of Td-Tomato protein fluorescence during 18 days. Fluorescence is expressed in arbitrary units. No statistically significant difference was found between time points using Mann-Whitney U-test. (**C**) Viability of ASCs spheroid entrapped in GNF-gel was analysed by live/ dead assays showing essentially green living cells.

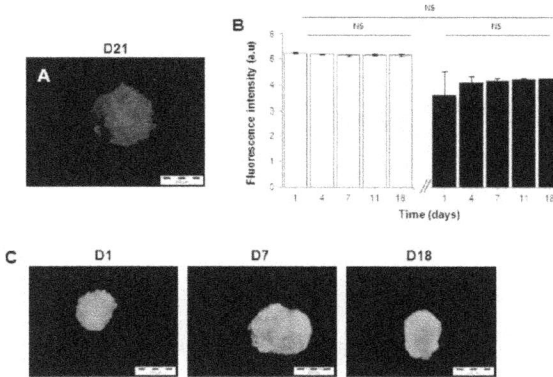

Fig. 8. (**A**) *In vivo* imaging of tdTomato fluorescence of ASCs spheroids encapsulated in GNF hydrogels and subcutaneously implanted in NOD-SCID mice. (**B**)
tdTomato fluorescence from either subcutaneously implanted gel-free (green squares)
or gel-embedded (red squares) ASCs, or from subcutaneously injected GNF-cell mixture (blue squares). (**C**) *Ex vivo* histological observation of tdTomato fluorescence
from either subcutaneously implanted gel-free (**C1**) or gel-embedded (**C2**) ASCs, or
from subcutaneously injected GNF-cell mixture (**C3**). Biopsies were harvested 30
days after implantation. Observation at high magnification of fluorescent exogenous
human ASCs (**C4**, dotted yellow line) and of endogenous non-fluorescent mouse cells
(**C5**, plain red line). Star indicates gel blocks.

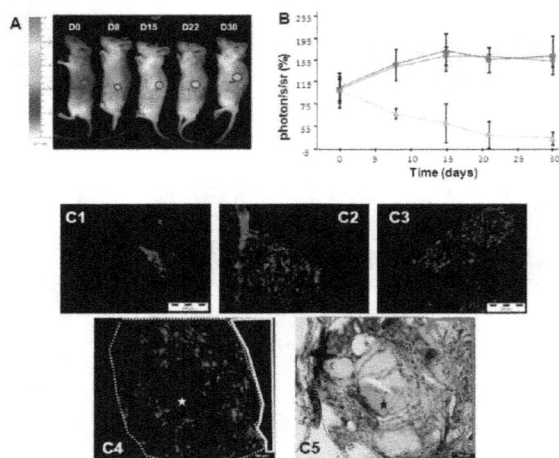

Fig. 9. Effect of GNF hydrogels on the differentiation of ASCs spheroids. (**A**) and (**B**) : *In vitro* differentiation of ASCs spheroids. ASCs spheroids are grown for 7 or 14 days, either free (−GNF) or embedded in GNF hydrogels (+GNF). Cultures are performed in either basal (non osteogenic) medium (BM) or in ostegenic medium (OM). (**A**) Alkaline phosphatase positive cells and are revealed by blue staining, (**B**) Calcium-rich extracellular matrix is revealed by alizarin red staining. (**C**) Identification of osteoblasts in ASCs spheroids embedded in GNF hydrogels (GNF + ASCs) and subcutaneously implanted in mice without prior *in vitro* culture. Biopsies were collected 30 days after implantation. Implanted tdTomato expressing cells show red fluorescence. Alkaline phosphatase cells are stained violet (black arrow) and mineralised matrix appears in black (yellow arrow) after Von-Kossa staining. Gels implanted without human ASCs (GNF) fail to show alkaline phosphatase or Von Kossa positive staining.

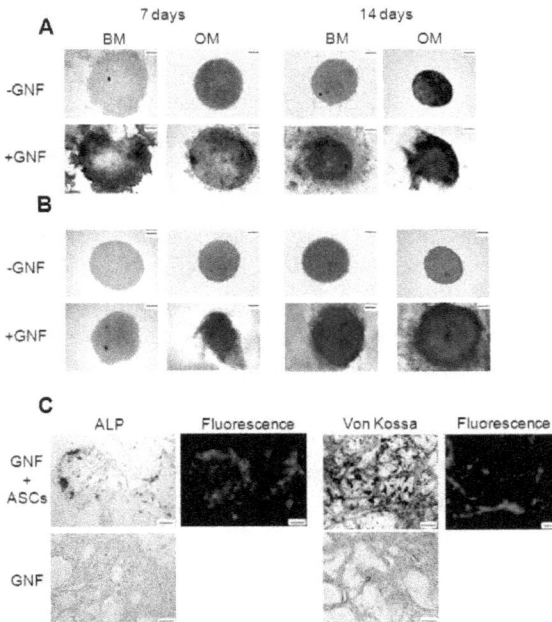

3.3   Conclusion

Cette étude révèle de nombreuses propriétés intéressantes d'un nouveau type d'hydrogel pour l'ingénierie du tissu osseux. Le composé utilisé pour former le gel est obtenu par synthèse chimique, évitant ainsi les éventuels effets secondaires dus aux produits naturels tels que des allergies et/ou les réactions inflammatoires sévères. La formation du gel est réalisée par refroidissement de la solution de GNF, s'affranchissant de tout agent de réticulation qui exigerait des réactifs potentiellement nocifs et incompatibles avec le vivant. En outre, la gélification se fait relativement lentement, permettant une encapsulation en toute sécurité des cellules à 37°C avant que la formation du gel soit complète. Cette propriété offre également la possibilité d'injecter la solution de GNF et de laisser le gel se former *in situ*. Les hydrogels à base de GNF montrent un taux de dégradation relativement lent, *in vitro* et *in vivo*. Cette cinétique est compatible avec de courtes périodes de culture cellulaire *in vitro* avant d'implanter. Il est également compatible avec les exigences de l'ingénierie tissulaire osseuse spongieux, dans lequel la dégradation de l'hydrogel et son remplacement par du tissu nouvellement formé sont souhaitables [358]. Les mécanismes sous-jacents de la dégradation du gel à base de GNF ne sont pas clairs, seul l'effet du sérum a pu être mis en évidence car ce dernier accélère de manière significative la dégradation du gel, suggérant ainsi la participation de protéines dans le processus. Cette sensibilité à l'environnement biochimique externe influencera la stabilité du gel *in vivo* et dépendra du site d'implantation. Pour explorer les propriétés biologiques de l'hydrogel de GNF, nous avons analysé leur biocompatibilité avec des cellules et des tissus.

Nos études montrent que le gel ne libère pas des composés toxiques pour les ASC, et ces observations sont cohérentes avec celles des études antérieures [354]. Les hydrogels de GNF sont donc cytocompatibles. Enfin, ces hydrogels produisent une inflammation modérée chronique après implantation sous-cutanée chez la souris et ils semblent favorables à des applications d'ingénierie tissulaire. En effet, de fortes réactions inflammatoires ont des effets délétères pour la tolérance et l'efficacité thérapeutique des biomatériaux [359]. Toutes ces propriétés soulignent que l'hydrogel à base de GNF est un biomatériau biocompatible et biodégradable, potentiellement apte pour des applications d'ingénierie tissulaire.

Pour explorer ce potentiel, les interactions de l'hydrogel à base de GNF avec les ASC ont été étudiées dans différentes configurations. Cet échafaudage n'est pas compatible avec la survie et la croissance des ASC isolées. Le faible taux de survie des cellules n'est pas dû à la libération des produits de dégradation puisque nous avons prouvé qu'ils ne sont pas toxiques. De plus, lorsque les ASC sont sous formes de sphéroïdes, elles peuvent survivre dans ces gels. L'analyse rhéologique a pu four-

nir une explication. L'hydrogel de GNF présente une signature rhéologique typique
d'un gel faible, par conséquent la faible viabilité des cellules souches n'est pas cau-
sée par la topographie du gel. L'hypothèse émise est que les intégrines des cellules
ne peuvent pas trouver de substrat au sein du gel. Or les signaux déclenchés par
l'interaction intégrines-substrat sont indispensables à la survie et la différenciation
cellulaire. La morphologie ronde des cellules associées au gel conforte cette hypothèse. Bien que le gel à base de GNF ne soit pas compatible avec la croissance des
cellules isolées, nos données montrent qu'il permet la survie des agrégats d'ASC.
Notre étude a indiqué que les ASC encapsulées dans les hydrogels se sont engagées
dans la différenciation ostéoblastique en milieu de base. Cet effet de différenciation
cellulaire peut être causé par des produits de dégradation du gel ou peut être dû
au microenvironnement créé par le gel qui peut favoriser la concentration locale de
cytokines ostéogéniques sécrétées par les cellules.

L'hydrogel de GNF s'avérant être un bon support de culture pour les agrégats
cellulaires, nous nous sommes ensuite intéressés aux potentiels avantages qu'il pouvait offrir pour l'implantation *in vivo*. Nos travaux ont démontré qu'en l'absence
de gel, les cellules ont disparu progressivement du site d'implantation alors que les
sphéroïdes encapsulés ont survécu pendant plusieurs semaines. Nous n'avons pas
pu discriminer la cause de la disparition des cellules non encapsulées : mort cellulaire ou migration vers d'autres sites. En outre, après un mois d'implantation, les
cellules exogènes ne sont pas seulement vivantes et concentrées au niveau du site
d'implantation, mais elles présentent également une morphologie fibroblastoïde suggérant qu'elles ont perdu leur organisation en sphéroïde et qu'elles ont pu déposer
de la MEC. La présence de phosphate de calcium à proximité du complexe gel/ASC
et l'identification de cellules alcalines positives autour des fragments de gel révèlent
que l'hydrogel à base de GNF favorise la différenciation ostéoblastique *in vivo*, sans
traitement préalable avec des facteurs ostéogéniques.

Notre étude montre également que les cellules de l'hôte peuvent coloniser le gel
ce qui suggère qu'elles peuvent interagir avec les cellules exogènes implantées. Enfin, nous avons démontré que les fragments de gel étaient envahis par des vaisseaux
sanguins, fournissant ainsi un environnement vascularisé aux cellules exogènes. Un
autre avantage de l'hydrogel de GNF est l'injection aisée de cellules encapsulées, qui
restent concentrées sur le site d'implantation et survivent pendant des semaines. Le
comportement des cellules injectées est semblable à celui des cellules incorporées à
l'hydrogel avant l'implantation. En termes de propriétés biologiques, la formation
de gel *in situ* est donc équivalente à la gélification préalable *in vitro*.

En résumé, la possibilité d'injecter un gel cellularisé, la capacité des cellules encapsulées à se différencier en ostéoblastes sans facteurs ostéogéniques indiquent que cet hydrogel de GNF est un outil prometteur pour la régénération de l'os spongieux.

3.4 Résultats supplémentaires concernant les propriétés physico-chimiques de l'hydrogel de GNF

Afin de visualiser la microstructure de l'hydrogel de GNF, des essais ont été conduits en microscopie électronique à balayage et en microscopie confocale. La structure des gels de GNF imagée par la méthode MEB est montrée sur la figure 3.3. Pour une étude morphologique, cette méthode requiert un traitement préalable de déshydratation de l'échantillon de gel afin de figer sa structure et d'obtenir un produit sec. Les échantillons ont été fixés avec du glutaraldéhyde (2,5 %) pendant 30 minutes à 4°C, puis ils ont été déshydratés progressivement dans une série de solutions d'éthanol de concentration croissante (70 %, 80 %, 90 % et 100 %) (Walkenström et al., 2003) et finalement incubés avec de l'hexaméthyldisilazane (HMDS). Pour terminer cette étape de déshydratation les échantillons ont été séchés toute la nuit sous hotte. Les gels complétement secs ont été revêtus de carbone et examinés avec un MEB à 15 kV. Cependant, le protocole de déshydratation est l'étape critique de la méthode car elle peut causer des artéfacts. En effet, la taille des pores étant contrôlée par la taille des cristaux de glace formés, il vient que, plus la congélation se fait rapidement, plus les cristaux sont petits et la porosité est fine.

L'observation par MEB démontre que le gel de GNF présente une morphologie homogène de type granulaire. Les images révèlent un réseau macro- et mésoporeux ouvert et complexe, formé d'agrégats de 200 à 500 nm de diamètre (unité structurale). La surface de ce réseau délimite un système ouvert de pores dont la valeur moyenne de situe autour de 1,5 μm.

Ces travaux incitent, à la plus grande prudence quant aux conclusions formulées suite à des observations par MEB. Ces observations ne peuvent, être considérées comme représentatives de la structure du gel à l'état humide étant donné les perturbations générées par le protocole de préparation des échantillons. Il faut souligner que l'éthanol peut modifier le degré de gonflement du gel. Il est cependant intéressant de préciser qu'une structure homogène est obtenue.

Une autre technique microscopique aurait pu être envisagée, il s'agit de la microscopie électronique à transmission (TEM). Cette technique de microscopie a souvent été mise à profit pour décrire les arrangements moléculaires tels que les micelles de tensio-actifs, ou même les gels. Cependant, le problème de la préparation des échantillons reste entier puisqu'il n'y a pas d'autre alternative pour s'affranchir des perturbations infligées au gel lors de celle-ci.

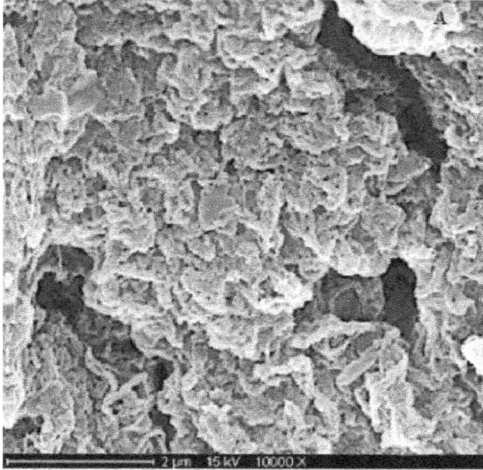

Figure 3.3 – Analyse morphologique par MEB. La barre d'échelle représente 2 μm.

La microscopie confocale est la deuxième technique utilisée pour résoudre la structure macroporeuse tridimensionnelle du gel de GNF (figure 3.4). Pour cette étude, les échantillons de gel restent dans leur état hydraté et sont seulement couplés à un fluorophore, le Dii.

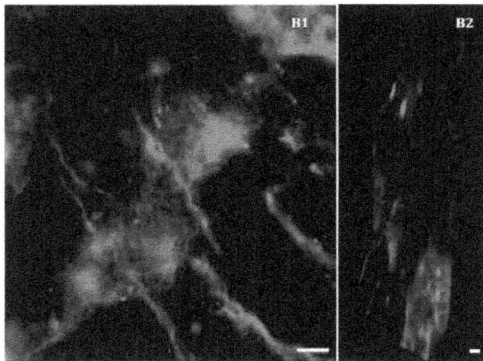

Figure 3.4 – Imagerie confocale de l'hydrogel de GNF. B1 : plan xy ; B2 : plan z-stacks. La barre d'échelle représente 20 μ.

Après marquage du gel de GNF par le Dii, les images obtenues par microscopie confocale du polymère révèlent un marquage fluorescent discret du réseau polymérique avec, en mode plan xy, une distribution statistique des granules de GNF et, en reconstruction 3D (z-stacks), sur la paroi des canaux du réseau poreux.

Cette étude multi-échelle en microscopies montre que l'hydrogel de GNF est un réseau ultraporeux.

3.5   Les évolutions de l'hydrogel de GNF

Dans le cas de l'hydrogel de GNF, une minéralisation partielle *in vivo* a été observée
et cela nous motive à améliorer la formation d'os. La littérature scientifique propose
plusieurs stratégies pour finaliser la minéralisation osseuse.

Les hydrogels sont des réseaux de polymères hydrophiles et représentent une classe
importante de biomatériaux dans la biotechnologie et la médecine, car de nombreux
hydrogels présentent une excellente biocompatibilité avec un minimum de réponses
inflammatoires et des lésions tissulaires. Les hydrogels sont largement étudiés pour
une potentielle utilisation dans l'ingénierie des tissus mous. Cependant, les hydrogels
n'ont généralement pas de capacité de minéralisation, ce qui empêche la formation
de liaisons chimiques avec les tissus durs comme les os. Une tendance récente en ingénierie tissulaire implique le développement d'hydrogels qui possèdent la capacité
de se minéraliser. La stratégie qui a attiré le plus d'intérêt a été l'incorporation de
phases inorganiques tels que les céramiques de phosphate de calcium et les bioverres
dans les matrices d'hydrogel. Ces particules inorganiques agissent comme des sites
de nucléation qui permettent en outre la minéralisation, améliorant ainsi les propriétés mécaniques du matériau composite. Une deuxième voie pour créer des sites de
nucléation pour la minéralisation des hydrogels implique l'utilisation de caractéristiques du processus de minéralisation physiologique. Des exemples de ces stratégies
de minéralisation biomimétique incluent : le trempage des hydrogels dans des solutions qui sont saturées en phosphate de calcium, l'incorporation d'enzymes qui
catalysent le dépôt du minéral osseux, ou l'incorporation d'analogues synthétiques
de vésicules matricielles qui sont les sites d'initiation de la biominéralisation. La
fonctionnalisation du squelette de l'hydrogel de polymère avec des groupes chargés
négativement est un troisième mécanisme pour promouvoir la minéralisation dans
les hydrogels par ailleurs inertes. L'article qui ne peut pas être présenté ici traite
d'un nouveau type d'hydrogel capable de se calcifier. Cette minéralisation spontanée de la matrice hydrogel rend cet hydrogel approprié pour des applications dans
la régénération osseuse. Les résultats ont révélé que les hydrogels sont appliqués
pour la régénération osseuse et que la modification d'hydrogels avec des molécules
bioactives ou à base de cellules ont abouti à des augmentations significatives de la
formation d'os nouveau. Ceci suggère que l'utilisation d'hydrogels modifiés peut offrir une option pour l'ingénierie du tissu osseux, et des recherches supplémentaires
sont nécessaires pour identifier les propriétés biologiques et physiques des hydrogels.

CONCLUSION GÉNÉRALE ET PERSPECTIVES

Mon projet de thèse a permis de valider un produit d'ingénierie tissulaire prometteur pour des applications cliniques de reconstruction osseuse en complément ou en substitution de réparation naturelle. Ce produit thérapeutique innovant combine un hydrogel thermosensible à base de GNF à des cellules ostéoprogénitrices.

Le biomatériau de base est un hydrogel physique généré par l'auto-assemblage de monomères de (GNF). L'hydrogel de GNF n'étant pas encore décrit dans la littérature scientifique, il a été indispensable de caractériser ses propriétés physico-chimiques et biologiques avant de penser à ses potentielles applications en ingénierie tissulaire. Les premières informations le concernant ont été obtenues par les travaux de G. Godeau au sein du groupe dirigé par le Professeur P. Barthélémy. Il a mis en évidence que le composé GNF en solution est capable de former spontanément des organisations supramoléculaires sous l'action de la température et que ces structures conduisent à la formation d'un hydrogel. Ces seules indications n'étant pas suffisantes, la première partie de ce travail a exigé une exploration plus détaillée des propriétés de cet hydrogel avant de pouvoir l'utiliser comme support pour la culture et l'implantation de CSM.

L'étude physico-chimiques du GNF a révélé que le gel se structure en moins en 20 minutes à température ambiante, son profile rhéologique est celui d'un gel mou et il se dégrade de manière linéaire *in vitro*. Les différents tests biologiques ont montré que le gel de GNF est non cytotoxique pour les cellules, biocompatible et biointégrable et parfaitement biodégradable en deux mois. Cet hydrogel répondant aux exigences d'un biomatériau compatible avec l'ingénierie tissulaire, nous nous sommes alors intéressés à l'association gel/ASC et au devenir des ASC *in vitro* et *in vivo*. L'hydrogel de GNF ne permet pas l'adhésion cellulaire par manque de substrat

susceptible de lier les intégrines, il n'autorise que la culture d'ASC sous forme d'agrégats. *In vitro*, les cellules en agrégats encapsulées dans la matrice 3D d'hydrogel ne
prolifèrent pas mais survivent et synthétisent une MEC minéralisée en l'absence de
facteurs ostéogéniques. Les injections en site ectopique de complexe gel non réti-
culé/ASC ont indiqué que le gel se forme *in situ* en moins de 20 minutes, ce qui
rend cet hydrogel prometteur pour des application cliniques peu invasives. Comme
en conditions *in vitro*, les ASC ne prolifèrent pas mais survient pendant plusieurs
semaines. Les observations *ex vivo* montrent que les ASC partiellement désagrégées
expriment la phosphatase alcaline et ont sécrété une MEC organisée, minéralisée et
vascularisée. Cette première étude démontre donc que l'hydrogel de GNF est un bon
prétendant pour l'ingénierie tissulaire osseuse.

Néanmoins la différenciation ostéoblastique des ASC s'est arrêtée à un stade précoce
et ne concerne que les cellules en périphérie de l'agrégat. La configuration tridimensionnelle des cellules limite la diffusion des nutriments et des cytokines sécrétées par
les ASC et explique l'incomplète différenciation ostéoblastique observée *in vivo*.

Pour confirmer l'efficacité d'un produit d'ingénierie tissulaire osseuse, il est indispensable de vérifier son pouvoir ostéogénique en site ectopique et orthotopique. Dans
notre étude, seul le site ectopique a pu être exploré. Un site ectopique est un site
non osseux où aucune formation osseuse n'est permise en conditions physiologiques
tel que le site sous cutané [360] ou intramusculaire [361]. Les résultats encourageants
obtenus en site ectopique devront être validés en site orthotopique c'est-à-dire en
site osseux au niveau de lésion de taille critique. La propriété d'ostéoinduction de
cet hydrogel devra être évaluée en site orthotopique dans des conditions correspondant à celles des applications cliniques. Pour pouvoir utiliser en clinique ce nouveau
produit d'ingénierie tissulaire, il est nécessaire d'évaluer ses capacités de reconstruction en situation de contraintes mécaniques. La quantité et la qualité d'os néoformé
seront à déterminer par des analyses histomorphométrique ou micro-scanner et par
des études de résistance aux contraintes mécaniques, respectivement. Les premières
études chez l'animal passeront par le modèle murin pour diminuer les coûts expé-
rimentaux (anticorps, sondes...). Les mécanismes d'action de l'ostéoinduction chez
le rongeur ne sont pas totalement transposables chez le gros animal car il a été re-
marqué que la cicatrisation de fractures et l'ostéointégration de matériaux diffèrent
entre ces deux modèles. Il est donc nécessaire de conforter les résultats préliminaires
obtenus chez la souris avant de passer aux études chez le gros animal.

En premier lieu il faut effectivement valider le potentiel de réparation osseuse du
complexe GNF-cellules dans des modèles orthotopiques (défauts au niveau de la calvaria ou du condyle fémoral). Ensuite il restera à comprendre comment le GNF favo-

rise la différenciation osteoblastique. Enfin il faudra élargir le champ de recherches : comprendre quels sont les groupements chimiques du GNF qui permettent la gélification et également modifier certaines fonctions chimiques (en apportant des charges électriques) pour moduler les propriétés biologiques (adhésion, prolifération, différenciation...).

Cette thèse a montré que toute avancée notable dans le domaine des biomatériaux se fait à l'interface des sciences de l'ingénieur, des sciences chimiques et des sciences de la vie. Ces nouvelles approches multidisciplinaires permettront une production à grande échelle non seulement de biomatériaux plus efficaces (durée de vie, réduction de complications post-opératoires...), mais encore de concevoir des matériaux capables de reconstituer des organes entiers.

ANNEXES

Glycosylated nucleoside lipid promotes the liposome internalization in stem cells

Laurent Latxague, Sophia Ziane, Olivier Chassande, Amit Patwa, Marie-José Dalila and Philippe Barthélémy.

Depuis 2002, le Professeur P. Barthélémy s'intéresse à la conception de nouveaux composés amphiphiles présentant une grande variété structurale. Dans cet article, nous décrivons une nouvelle classe de liposomes à base de GNL qui disposent d'une surface glycosylée adaptée à l'internalisation d'ASC.

Les lipides sont reconnus pour leurs structures intrinsèques amphiphiles et leurs utilisations multiples dans les sciences fondamentales et appliquées allant de la formulation de produits cosmétiques vers des applications biomédicales plus sophistiquées. Le GNL peut être utile pour la délivrance de médicaments, la thérapie génique humaine, l'ingénierie tissulaire ainsi que des applications dans le traitement du cancer. Une des majeures tendances en recherche biomédicale est le développement de systèmes de délivrance de médicaments (Drug Delivery Systems ou DDS) permettant l'internalisation des principes bioactifs dans les cellules souches. Ces systèmes sont d'une importance cruciale pour l'ingénierie tissulaire ou la médecine régénératrice. La compréhension des interactions qui se produisent entre les cellules et les DDS, nous a permis de développer des systèmes synthétiques contenant des sucres. Pour cette étude, nous décrivons une approche de revêtement de surface des liposomes avec un groupement glucidique afin de permettre leur internalisation par les ASC. Le système GNL comprend trois parties : un sucre, un acide nucléique et un lipidique.

L'internalisation cellulaire des liposomes GNL a été observée par microscopie confocale et a mis en évidence les interactions glucidiques avec la surface cellulaire. En perspectives, ces liposomes de GNL pourront être utilisés comme systèmes de ciblage cellulaire.

ChemComm

Dynamic Article Links ▶

Cite this: *Chem. Commun.*, 2011, **47**, 12598–12600

www.rsc.org/chemcomm

COMMUNICATION

Glycosylated nucleoside lipid promotes the liposome internalization in stem cells†

Laurent Latxague,[ab] Sophia Ziane,[c] Olivier Chassande,[c] Amit Patwa,[ab] Marie-José Dalila[ab] and Philippe Barthélémy*[ab]

Received 1st July 2011, Accepted 21st September 2011
DOI: 10.1039/c1cc13948g

We report new glycosyl-nucleoside-lipid based liposomes decorated with sugar moieties. The GNL-liposomes feature a suitable glycosylated surface for their internalization into ADSC stem cells.

Owing to their intrinsic amphiphilic structures, lipids have long been of interest to the scientific community. Their multiple uses in pure and applied sciences range from the formulation of cosmetics for example, to more sophisticated biomedical applications. The latter includes drug delivery systems,[1] human gene therapy,[2] scaffolds for tissue engineering[3] as well as applications in cancer therapy.[4] A major trend in biomedical research with high potential is the development of drug delivery systems (DDS) allowing the internalization of bioactive principles into stem cells.[5] Such systems are of critical importance for cell culture engineering or regenerative medicine. As our understanding of the interactions occurring between cells and DDS advances, the use of synthetic sugar-containing systems to address cells is becoming an area of great interest.[6] Herein we describe an approach towards coating liposomes surface with a sugar moiety to allow their internalization into ADSC stem cells (Fig. 1). The cornerstone of our approach relies on the "triumvirate" associating sugar, nucleic acid and lipid moieties.

Interestingly, nucleoside-lipids exhibit both the aggregation properties of lipids and the molecular recognition features present in DNA and RNA, giving rise to self-organized structures like vesicles, fibers, hydro- and organogels.[7] We previously reported different nucleolipid structures, including zwitterionic uridine phosphocholine amphiphiles,[8] nucleolipids conjugates[9] and oligonucleotide-based amphiphiles.[10] The supramolecular systems obtained have been used for the delivery of biomacromolecules such as DNA,[11,12] and siRNA.[13]

Neutral nucleolipids featuring sugar moieties, namely Glycosyl-NucleoLipids (GNLs) feature a supplementary molecular recognition capabilities gained by the added

[a] Université de Bordeaux, 146 rue Léo Saignat, 33076 Bordeaux Cedex, France. E-mail: philippe.barthelemy@inserm.fr; Fax: +33 5 5757 1015; Tel: +33 5 5757 4853
[b] INSERM U869, 33076 Bordeaux, Cedex, France
[c] INSERM U1026, 33076 Bordeaux, Cedex, France
† Electronic supplementary information (ESI) available: Experimental procedures, NMR, MS and DLS data, biological assays and liposome formulations. See DOI: 10.1039/c1cc13948g

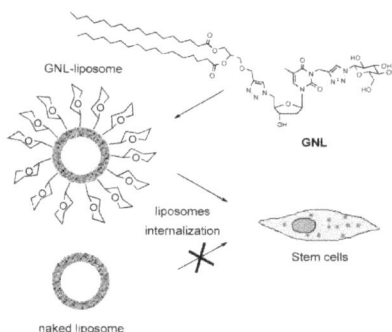

Fig. 1 Schematic representation of GNL, the sugar based liposomes formed by the GNL and the lecithin based liposomes. These GNL based liposomes are able to enter into human cells.

carbohydrate moiety.[14] Indeed, a lot of carbohydrate-binding proteins (*e.g.* lectins) are expressed on the stem cell surface.[15] Hence, the key to our approach is the preparation of synthetic GNLs capable of assembling into liposome-like aggregates with sugar functionality presented at the surface into solution. The aim is to develop suitable GNLs based liposomes, which might be recognized by carbohydrate–lectin that bind to glycosylated residues on the cell. Glucose was selected as it exhibits weak individual interactions with receptors, but a strong binding can occur when multiple sugar moieties are present on a polyvalent structure.[16] Thus, we hypothesize that the multiple glucosyl moieties present at the liposome surface would allow the interactions with the cells. A glucosyl-lipid, *N*-octanoyl-glucosylceramide, was previously used to enhance the doxorubicin accumulation in epidermoid carcinoma cells.[17]

In the present study, we investigate the ability of a new double chain GNL to allow the internalization of liposomes into stem cells. The cellular uptake of GNL based liposomes was compared with both non-nucleoside glycosylated lipid (GL) and naked liposomes.

Connecting the three natural building blocks (lipid, nucleoside and sugar moieties) was performed using a double-click chemistry approach.[14] The preparation of **9** is illustrated in Scheme 1.

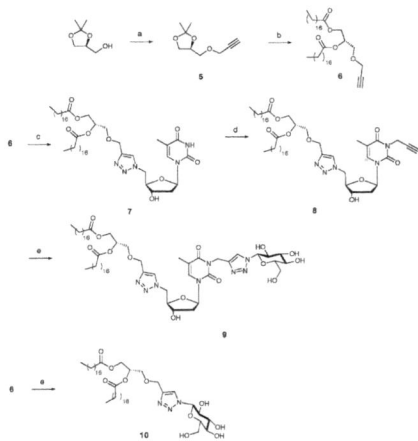

Scheme 1 Synthesis of glycerol-derivative GNL **9** and its GL counterpart **10**. *Reagents and conditions*: (a) propargyl bromide, NaH/Tol, 0 °C then 80 °C, 4 h, 78%, (b) (i) Dowex 50 X2, MeOH, rt, 24 h, (ii) stearic acid, DCC, DMAP, CH₂Cl₂, rt, 24 h, 81%, (c) 5′-deoxy azidothymidine, CuSO₄, sodium ascorbate, THF/H₂O (1 : 1), 60 °C, 6 h, 64%, (d) propagyl bromide, K₂CO₃/DMF, rt, 12 h, 71%, (e) 1-azido-1-deoxy-β-D-glucopyranoside, CuSO₄, sodium ascorbate, THF/H₂O (1 : 1), 65 °C, 24 h, 49% for **9**, 66% for **10**.

Table 1 DLS results for different liposome compositions

Liposome	(a)GNL **9** or (b)GL **10** amount in %	Size diameter nm (PDI)	Zeta potential/mV
L1	0	152.6 (0.13)	−26.0
L2	10(a)	138.6 (0.18)	−28.6
L3	20(a)	105.3 (0.21)	−27.1
L4	100(a)	74.6 (0.15)	−24.1
L5	10(b)	109.7 (0.17)	−32.3
L6	20(b)	95.3 (0.20)	−31.4

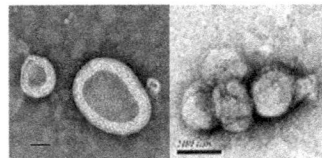

Fig. 2 Examples of TEM images for liposomes compositions **L1** left and **L4** right (scale 50 and 100 nm, respectively).

Treatment of commercially available 2,3-isopropylidene-*sn*-glycerol with propargyl bromide and sodium hydride in toluene gave the desired alkyne derivative **5** in 78% yield. Next, deprotection of **5** was carried out using acidic Dowex 50 resin in methanol, and the crude product was reacted with stearic acid in the presence of dicyclohexyl carbodiimide and DMAP to afford the acetylenic lipidic moiety **6** in 81% overall yield. Initially, when PTSA was used for deprotection, unreacted starting material remained even after 48 h. Then, the first click reaction with 5′-deoxy azidothymidine (synthesized in two steps according to a reported procedure[18]) and copper catalyst in a mixture of water and THF gave the expected lipid-triazolyl-thymidine intermediate **7** in 64% yield. Thymine alkylation with propargyl bromide and dry potassium carbonate[19] gave compound **8** in 71% yield. The previous compound was then reacted with 1-azido-1-deoxy-β-D-glucopyranoside for the second click reaction to provide the desired GNL **9**, although in a 49% moderate yield. Finally, from the key intermediate **6**, a similar click reaction with the same azido sugar gave the GL derivative **10** in 66% yield.

Next, we investigated the physicochemical properties of GNL **9**. We have shown in a previous study[14] that the three moieties (lipid, nucleoside and carbohydrate) were needed to provide gelling properties. In contrast to the single chain GNLs and GNFs, the double chain GNL **9** does not stabilize hydrogel. The formation of organogel was not observed either, since **9** at 5% w/w was found to be fully soluble at room temperature in common organic solvents (chloroform, toluene, THF). Thus, in an effort to expand the scope and properties of the glycosyl-nucleolipids family, we studied how the double

chain GNL **9** could be inserted into liposome formulations owing to its amphiphilic nature. Starting from soya lecithin, liposomes with various GNL amounts were prepared with pure phospholipids (0% GNL, **L1**) which acted as a control, then 10% (**L2**), 20% (**L3**) and finally 100% GNL (**L4**). Following film hydration and sonication, the crude vesicles were extruded at 200 nm. Results obtained from Dynamic light scattering are reported in Table 1 and TEM images in Fig. 2.

Next, the hydrated samples **L1** to **L4** were investigated by transmission electron microscopy (TEM). As expected, the extruded mixtures self-assembled at room temperature into liposome-like structures in aqueous solution. As shown in Fig. 2 (left), after extrusion with a 200 nm filter, liposomes ranging from 50 to 150 nm were observed. The formation of objects of 80 nm in diameters for pure GNL **L4** (Fig. 2, right) confirms the size of 74 nm obtained by DLS experiments. The negative values of the zeta potentials observed in the case of formulation **L1**, **L2** and **L3** can be explained by the presence of negatively charged lipids such as phospholipids in these formulations. Surprisingly, pure neutral GNL **9** (**L4**) provides nanoobjects featuring a negative zeta potential of 24 mV. Such behaviour, which is likely due to the adsorption of OH⁻ at the vesicle–water interface, was already observed for liposomes based on a synthetic neutral glycolipid: the Mal3(Phyt)₂.[20]

Next, we hypothesize that liposomes displaying a terminal carbohydrate moiety at the surface would interact favourably with cell membranes. For this study, liposomes were labelled with DIL (1,1′-dioctadecyl-3,3,3′,3′-tetramethyl-indocarbocyanineperchlorate) and incubated for 48 h with adipose-derived stem cells (ADSC). As shown in Fig. 3, red staining was observed only with liposomes formulated with GNL (namely **L2**, **L3** and **L4**). Confocal microscopy images indicated that GNL-containing liposomes were scattered in the cytoplasm, but were not observed in the nucleus (see ESI†, **L4**). Together, the physicochemical experiments and microscopy observations demonstrate that GNL promotes the interaction of liposomes with the cell surface and their further internalization in stem cells.

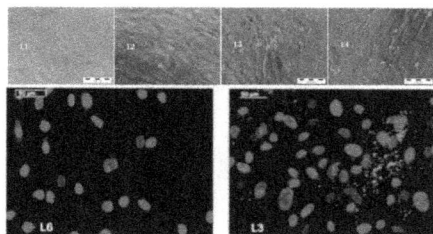

Fig. 3 ADSC stem cells incubated in the presence of labelled (DIL) liposome formulations **L1**, **L2**, **L3** and **L4**. DIL red staining was observed only with GNL formulations (**L2**, **L3** and **L4**). Confocal images of ADSC stem cells in the same conditions (down) show numerous GNL-containing liposomes (**L3**) mostly into the cytoplasm (down right), whereas a poor internalization of GL-liposomes (**L6**) was observed (down left). The nuclei are stained in blue by DAPI. See ESI† for confocal images of ADSC stem cells with **L1**, **L2** and **L5** formulations.

To determine the impact of the nucleoside moiety on the internalization properties, the cellular uptake of simple glycosyl-lipid decorated liposomes was investigated in similar conditions. For this study, 10% and 20% GL-based liposomes (**L5** and **L6** respectively) were prepared since pure GL is poorly soluble in water. The physico-chemical properties are reported in Table 1. Surprisingly, in the case of **L5** and **L6** formulations confocal microscopy images reveal that GL-containing liposomes were poorly internalized into ADSC (Fig. 3, down left for **L6**, and ESI† for **L5**), indicating that the nucleoside moiety is required for the cellular uptake. The different internalization behaviour between GNL and GL can be explained by the additional interactions (π–π stacking, H-bonding) between GNL molecules.[14] Likely GNLs are not randomly distributed at the surface of the liposomes (*e.g.* **L2** and **L3**), but associated as clusters. Thus, **L2**, **L3** and **L4** may exhibit rich carbohydrate domains at the surface, giving rise to a multi-valent or cluster effect,[21,22] which would be responsible for their cellular internalization over GL and non-GNL-liposomes.

In this study we present the synthesis of a novel glucosyl-nucleolipid featuring double stearic lipidic chains. Liposomes prepared from both lecithin–GNL mixtures and pure GNL were able to interact with ADSC stem cells, demonstrating carbohydrate interactions with the cell surface. The cellular internalization of GNL liposomes was observed using confocal microscopy, whereas the GL and non-GNL lecithin formulations were unable to penetrate stem cells. In the future, such "GNL-liposomes" equipped with convenient sugar residues for multivalent binding to lectins for example may be suitable as specific cell-targeting systems.

This work has been supported by the French National Research Agency (ANR) in the frame of its programme blanc (project GelCells, appel à projets Blanc SIMI 7-2010). The authors thank the Bordeaux Imaging Centre (BIC) for technical assistance during TEM observations. P.B. acknowledges financial support from the Army Research Office.

Notes and references

1 V. Faivre and V. Rosilio, *Expert Opin. Drug Delivery*, 2010, **7**, 1031–1034.
2 M. A. Mintzer and E. E. Simanek, *Chem. Rev.*, 2009, **109**, 259–302.
3 K. Y. Lee and D. J. Mooney, *Chem. Rev.*, 2001, **101**, 1869–1879.
4 (*a*) L. H. Reddy, J.-M. Renoir, V. Marsaud, S. Lepêtre-Mouelhi, D. Desmaële and P. Couvreur, *Mol. Pharmaceutics*, 2009, **6**, 1526–1535; (*b*) P. Couvreur, B. Stella, L. H. Reddy, H. Hillaireau, C. Dubernet, D. Desmaële, S. Lepêtre-Mouelhi, F. Rocco, N. Dereuddre-Bosquet, P. Clayette, V. Rosilio, V. Marsaud, J.-M. Renoir and L. Cattel, *Nano Lett.*, 2006, **6**, 2544–2548.
5 M. P. Lutolf, P. M. Gilbert and H. M. Bla, *Nature*, 2009, **462**, 26.
6 (*a*) F. Perche, T. Benvegnu, M. Berchel, L. Lebegue, C. Pichon, P. A. Jaffrès and P. Midoux, *Nanomedicine*, 2011, **7**, 445–453; (*b*) N. Smiljanic, V. Moreau, D. Yockot, J. M. Benito, J. M. Garcia Fernández and F. Djedaïni-Pilard, *Angew. Chem., Int. Ed.*, 2006, **45**, 5465–5468; (*c*) G. Pasparakis and C. Alexander, *Angew. Chem., Int. Ed.*, 2008, **47**, 4847–4850.
7 (*a*) A. Gissot, M. Campo, M. W. Ginstaff and P. Barthélémy, *Org. Biomol. Chem.*, 2008, **6**, 1324–1333; (*b*) P. Barthélémy, *C. R. Chim.*, 2009, **12**, 171–179.
8 (*a*) L. Moreau, P. Barthélémy, M. El Maataoui and M. W. Grinstaff, *J. Am. Chem. Soc.*, 2004, **126**, 7533–7539; (*b*) L. Moreau, M. W. Grinstaff and P. Barthélémy, *Tetrahedron Lett.*, 2005, **46**, 1593–1596.
9 (*a*) I. Bestel, N. Campins, A. Marchenko, D. Fichou, M. W. Grinstaff and P. Barthélémy, *J. Colloid Interface Sci.*, 2008, **323**, 435; (*b*) S. Khiati, N. Pierre, S. Andriamanarivo, M. W. Grinstaff, N. Arazam, F. Nallet, L. Navailles and P. Barthélémy, *Bioconjugate Chem.*, 2009, **20**, 1765–1772.
10 (*a*) G. Godeau, C. Staedel and P. Barthélémy, *J. Med. Chem.*, 2008, **14**, 4374–4376; (*b*) H. Chapuis, L. Bui, I. Bestel and P. Barthélémy, *Tetrahedron Lett.*, 2008, **49**, 6838–6840.
11 P. Chabaud, M. Camplo, D. Payet, G. Serin, L. Moreau, P. Barthélémy and M. W. Grinstaff, *Bioconjugate Chem.*, 2006, **17**, 466–472.
12 L. Moreau, P. Barthélémy, Y. Li, D. Luo, C. A. Prata and M. W. Grinstaff, *Mol. BioSyst.*, 2005, **1**, 260–264.
13 C. Ceballos, S. Khiati, C. A. Prata, X. X. Zhang, S. Giorgio, P. Marsal, M. W. Grinstaff, P. Barthélémy and M. Camplo, *Bioconjugate Chem.*, 2010, **6**, 1062; Ceballos, S. Khiati, C. A. Prata, X. X. Zhang, S. Giorgio, P. Marsal, M. W. Grinstaff, P. Barthelemy and M. Camplo, *Bioconjugate Chem.*, 2010, **21**, 1062–1069.
14 (*a*) G. Godeau and P. Barthélémy, *Langmuir*, 2009, **25**, 8447–8450; (*b*) G. Godeau, C. Brun, H. Arnion, C. Staedel and P. Barthélémy, *Tetrahedron Lett.*, 2010, **51**, 1012–1015; (*c*) G. Godeau, J. Bernard, C. Staedel and P. Barthélémy, *Chem. Commun.*, 2009, 5127–5129.
15 M. Toyoda, M. Yamazaki-Inoue, Y. Itakura, A. Kuno, T. Ogawa, M. Yamada, H. Akutsu, Y. Takahashi, S. Kanzaki, H. Narimatsu, J. Hirabayashi and A. Umezawa, *Genes to Cells*, 2011, **16**, 1–11.
16 M. Mammen, S.-K. Choi and G. M. Whitesides, *Angew. Chem., Int. Ed.*, 1998, **37**, 2754–2794.
17 R. Jan Veldman, G. A. Koning, A. van Hell, S. Zerp, S. R. Vink, G. Storm, M. Verheij and W. J. van Blitterswijk, *J. Pharmacol. Exp. Ther.*, 2005, **315**, 704–710.
18 X. Hu, M. T. Tierney and M. W. Grinstaff, *Bioconjugate Chem.*, 2002, **13**, 83–89.
19 M. Nakane, S. Ichikawa and A. Matsuda, *J. Org. Chem.*, 2008, **73**, 1842–1851.
20 T. Baba, L. Q. Zheng, H. Minamikawa, M. Hato and J. Colloid, *J. Colloid Interface Sci.*, 2000, **223**, 235–243.
21 (*a*) R. T. Lee and Y. C. Lee, *Glycoconjugate J.*, 2000, **17**, 543–551; (*b*) M. Reynolds and S. Pérez, *C. R. Chim.*, 2001, **14**, 74–95; (*c*) A. Vargas-Berenguel, F. Ortega-Caballero and J. M. Casas-Solvas, *Mini-Rev. Org. Chem.*, 2007, **4**, 1–14.
22 (*a*) S. M. Dimick, S. C. Powell, S. A. McMahon, D. N. Moothoo, J. H. Naismith and E. J. Toone, *J. Am. Chem. Soc.*, 1999, **121**, 10286–10296; (*b*) A. David, P. Kopeckova, T. Minko, A. Rubinstein and J. Kopecek, *Eur. J. Cancer*, 2004, **40**, 148–157; (*c*) M. Sleiman, A. Varrot, J.-M. Raimundo, M. Gingras and P. G. Goekjian, *Chem. Commun.*, 2008, 6507–6509; (*d*) R. J. Pieters, *Drug Discovery Today: Technol.*, 2009, **6**, e27–e31.

This journal is © The Royal Society of Chemistry 2011

LISTE DES PUBLICATIONS

Glycosylated nucleoside lipid promotes the liposome internalization in stem cells.

Latxague L, Ziane S, Chassande O, Patwa A, Dalila MJ, Barthélémy P.

Chemical Communications, Septembre 2011

Layer-by-layer tissue microfabrication supports cell proliferation *in vitro* and *in vivo*.

Catros S, Guillemot F, Nandakumar A, Ziane S, Moroni L, Habibovic P, van Blitterswijk C, Rousseau B, Chassande O, Amédée J, Fricain JC.

Tissue Engineering Part C Methods, Septembre 2011

Glycoside Nucleoside Lipids (GNLs) : An intrusion into the glycolipids' world ?

Latxague L, Dalila MJ, Patwa A, Ziane S, Chassande O, Godeau G, Barthélémy P.

Comptes Rendus Chimie, Octobre 2011

A thermosensitive low molecular weight hydrogel as scaffold for Tissue engineering.

Ziane S, Schlaubitz S, Miraux S, Patwa A, Lalande C, I Bilem, Lepreux S, Rousseau B, JF Le Meins, Latxague L, Barthélémy P, Chassande O.

European Cells and Materials, February 2012

COMMUNICATIONS ORALES

L'hydrogel de GNF (Glycosyl-Nucléoside-Fluoré) : un nouveau support pour la régénération osseuse.
S Ziane, S Schlaubitz, S Miraux, A Patwa, C Lalande, I Bilem, S Lepreux, B Rousseau, JF Le Meins, L Latxague, P Barthélémy, O Chassande.
13ème Journée de l'Ecole Doctorale, Arcachon, Mars 2012.

GNF (Glycosyl-Nucleosyl-Fluorinated) injectable hydrogel : a new scaffold for bone regeneration.
S Ziane, S Schlaubitz, S Miraux, A Patwa, C Lalande, I Bilem, S Lepreux, B Rousseau, JF Le Meins, L Latxague, P Barthélémy, O Chassande.
14ème Journée Française de Biologie des Tissus Minéralisés, Bordeaux, Mai 2012

COMMUNICATIONS AFFICHÉES

Potential of a new type of low molecular weight hydrogel for *in vitro* culture and *in vivo* implantation of human adult stem cells.
Ziane S, Schlaubitz S, Miraux S, Patwa A, Lalande C, Rousseau B, Latxague L, Barthélémy P, Chassande O.
13ème Journée Française de Biologie des Tissus Minéralisés, Paris, Mai 2011 (Prix).

A thermosensitive low molecular weight hydrogel as scaffold for Tissue engineering.
Ziane S, Schlaubitz S, Miraux S, Patwa A, Lalande C, Rousseau B, Latxague L, Barthélémy P, Chassande O.
Tissue Engineering International and Regenerative Medicine Society, Grenade, Juin 2011

L'hydrogel de GNF (GlycosylNucleosyleFluoré) : un nouveau support pour la régénération osseuse.
S Ziane, S Schlaubitz, S Miraux, A Patwa, C Lalande, I Bilem, S Lepreux, B Rousseau, JF Le Meins, L Latxague, P Barthélémy, O Chassande.
6ème Rencontre Textile & Santé, Saint Etienne, Mars 2012

GNF hydrogel a solution for bone repair
S Ziane, R Devillard, S Schlaubitz, I Bilem, M Rémy, R Bareille, A Patwa, B Rousseau, JF Le Meins, L Latxague, P Barthélémy, O Chassande.
Tissue Engineering International and Regenerative Medicine Society, Grenade, Septembre 2012

BIBLIOGRAPHIE

[1] Langer R ; Vacanti JP. Tissue engineering. *Science*, 260 :920–6, 1993.

[2] Griffith M ; Hakim M ; Shimmura S ; Watsky MA ; Li F ; Carlsson D ; Doillon CJ ; Nakamura M ; Suuronen E ; Shinozaki N ; Nakata K ; Sheardown H. Artificial human corneas : scaffolds for transplantation and host regeneration. *Cornea*, 21 :54–61, 2002.

[3] Stock UA ; Vacanti JP. Tissue engineering : current state and prospects. *Annu Rev Med.*, 52 :443–51, 2001.

[4] Dvir T ; Timko BP ; Kohane DS ; Langer R. Nanotechnological strategies for engineering complex tissues. *Nat Nanotechnol.*, 6 :13–22, 2011.

[5] Lutolf MP ; Hubbell JA. Synthetic biomaterials as instructive extracellular microenvironments for morphogenesis in tissue engineering. *Nat Biotechnol.*, 23 :47–55, 2005.

[6] Singh V. Disposable bioreactor for cell culture using wave-induced agitation. *Cytotechnology*, 30 :149–58, 1999.

[7] Kehoe DE ; Jing D ; Lock LT ; Tzanakakis ES. Scalable stirred-suspension bioreactor culture of human pluripotent stem cells. *Tissue Eng Part A.*, 16 :405–21, 2010.

[8] Yamamoto K ; Kawada T ; Kamiya A ; Takaki H ; Miyamoto T ; Sugimachi M ; Sunagawa K. Muscle mechanoreflex induces the pressor response by resetting the arterial baroreflex neural arc. *Am J Physiol Heart Circ Physiol.*, 286 :1382–8, 2004.

[9] Cioffi M ; Boschetti F ; Raimondi MT ; Dubini G. Modeling evaluation of the fluid-dynamic microenvironment in tissue-engineered constructs : a micro-CT based model. *Biotechnol Bioeng.*, 93 :500–10, 2006.

[10] Babensee JE ; McIntire LV ; Mikos AG. Growth factor delivery for tissue engineering. *Pharm Res.*, 17 :497–504, 2000.

[11] Chen RR ; Mooney DJ. Polymeric growth factor delivery strategies for tissue engineering. *Pharm Res.*, 20 :1103–12, 2003.

[12] Green H ; Kehinde O ; Thomas J. Growth of cultured human epidermal cells into multiple epithelia suitable for grafting. *Proc Natl Acad Sci.*, 76 :5665–5668, 1979.

[13] Gallico GG 3rd ; O'Connor NE ; Compton CC ; Kehinde O ; Green H. Permanent coverage of large burn wounds with autologous cultured human epithelium. *N Engl J Med.*, 311 :448–51, 1984.

[14] Auger FA ; López Valle CA ; Guignard R ; Tremblay N ; Noël B ; Goulet F ; Germain L. Skin equivalent produced with human collagen. *In Vitro Cell Dev Biol Anim.*, 31 :432–9, 1995.

[15] Discher DE ; Mooney DJ ; Zandstra PW. Growth factors, matrices, and forces combine and control stem cells. *Science*, 324 :1673–7, 2009.

[16] Cao Y ; Wang B. Biodegradation of silk biomaterials. *Int. J. Mol. Sci.*, 10 :1514–1524, 2009.

[17] Nair LS ; Laurencin CT. Polymers as biomaterials for tissue engineering and controlled drug delivery. *Adv Biochem Engin/Biotechnol.*, 102 :47–90, 2005.

[18] Steinemann SG. Titanium : the material of choice. *Periodontol 2000*, 17 :7–21, 1998.

[19] Shanbhag AS ; Jacob JJ ; Black J ; Galante JO ; Glant J. Macrophage/particle interactions : effect of size, composition and surface area. *J. Biomed. Mater. Res.*, 28 :81–90, 1994.

[20] Schultz P ; Vautier D ; Richert L ; Jessel N ; Haikel Y ; Schaaf P ; Voegel JC ; Ogier J ; Debry C. Polyelectrolyte multilayers functionalized by a synthetic analogue of an anti-inflamatory peptide, α-MSH, for coating a tracheal prostesis. *Biomaterials*, 26 :2621–30, 2005.

[21] Debry C ; Schultz P ; Vautier D. Biomaterials in laryngotracheal surgery : a solvable problem in the near future. *J Laryngol Otol.*, 11 :113–7, 2003.

[22] Park J ; Bauer S ; Pittrof A ; Killian MS ; Schmuki P ; von der Mark K. Synergistic control of mesenchymal stem cell differentiation by nanoscale surface geometry and immobilized growth factors on T_iO_2 nanotubes. *Small*, 8 :98–107, 2012.

[23] Singh RG. Evaluation of the bioactivity of titanium after varied surface treatments using human osteosarcoma osteoblast cells : an in vitro study. *Int J Oral Maxillofac Implants*, 26 :998–1003, 2011.

[24] Ogawa T ; Sukotjo C ; Nishimura I. Modulated bone matrix-related gene expression is associated with differences in interfacial strength of different implant surface roughness. *J Prosthodont*, 11 :241–7, 2002.

[25] Discher DE ; Janmey P ; Wang YL. Tissue cells feel and respond to the stiffness of their substrate. *Science*, 310 :1139–43, 2005.

[26] Engler AJ ; Sen S ; Sweeney HL ; Discher DE. Matrix elasticity directs stem cell lineage specification. *Cell*, 126 :677–689, 2006.

[27] Huber FX ; Belyaev O ; Hillmeier J ; Kock HJ ; Huber C ; Meeder PJ ; Berger I. First histological observations on the incorporation of a novel nanocrystalline hydroxyapatite paste OSTIM® in human cancellous bone. *BMC Musculoskeletal Disorders*, 7 :50, 2006.

[28] Lin K ; Chen L ; Qu H ; Lu J ; Chang J. Improvement of mechanical properties of macroporous beta-tricalcium phosphate bioceramic scaffolds with uniform and interconnected pore structures. *Ceramics International*, 37 :2397–403, 2011.

[29] Isobe Y ; Kosaka T ; Kuwahara G ; Mikami H ; Saku T ; Kadoma S. Oriented collagen scaffolds for tissue engineering. *Materials*, 5 :501–511, 2012.

[30] Hahn WC ; Counter CM ; Lundberg AS ; Beijersbergen RL ; Brooks MW ; Weinberg RA. Creation of human tumour cells with defined genetic elements. *Nature*, 400 :464–8, 1999.

[31] Unwin RD ; Smith DL ; Blinco D ; Wilson CL ; Miller CJ ; Evans CA ; Jaworska E ; Baldwin SA ; Barnes K ; Pierce A ; Spooncer E ; Whetton AD. Quantitative proteomics reveals posttranslational control as a regulatory factor in primary hematopoietic stem cells. *Blood*, 107 :4687–94, 2006.

[32] Kuilman T ; Michaloglou C ; Mooi WJ ; Peeper DS. The essence of senescence. *Genes Dev.*, 24 :2463–79, 2010.

[33] Bjornson CR ; Rietze RL ; Reynolds BA ; Magli MC ; Vescovi AL. Turning brain into blood : a haematopoietic fate adopted by adult neural stem cells in vivo. *Science*, 283 :534–37, 1999.

[34] Toma JG ; Akhavan M ; Fernandes KJ ; Barnabé-Heider F ; Sadikot A ; Kaplan DR ; Miller FD. Isolation of multipotent adult stem cells from the dermis of mammalian skin. *Nat Cell Biol.*, 3 :778–84, 2001.

[35] Blau HM ; Brazelton TR ; Weimann JM. The evolving concept of a stem cell : entity or function. *Cell*, 105 :829–41, 2001.

[36] Stoltz JF ; Decot V ; Huseltein C ; He X ; Zhang L ; Magdalou J ; Li YP ; Menu P ; Li N ; Wang YY ; de Isla N ; Bensoussan D. Introduction to regenerative medicine and tissue engineering. *Biomed Mater Eng.*, 22 :3–16, 2012.

[37] Rippon HJ ; Bishop AE. Embryonic stem cells. *Cell Prolif.*, 37 :23–34, 2004.

[38] Wobus AM ; Boheler KR. Embryonic stem cells : prospects for developmental biology and cell therapy. *Physiol Rev.*, 85 :635–78, 2005.

[39] Evans MJ ; Kaufman MH. Establishment in culture of pluripotential cells from mouse embryos. *Nature*, 292 :154–6, 1981.

[40] Martin GR. Isolation of a pluripotent cell line from early mouse embryos cultured in medium conditioned by teratocarcinoma stem cells. *Proc Natl Acad Sci U S A.*, 78 :7634–8, 1981.

[41] Nagy A ; Gócza E ; Diaz EM ; Prideaux VR ; Iványi E ; Markkula M ; Rossant J. Embryonic stem cells alone are able to support fetal development in the mouse. *Development*, 110 :815–21, 1990.

[42] Xu RH ; Chen X ; Li DS ; Li R ; Addicks GC ; Glennon C ; Zwaka TP ; Thomson JA. BMP4 initiates human embryonic stem cell differentiation to trophoblast. *Nat Biotechnol.*, 20 :1261–4, 2002.

[43] Thomson JA ; Itskovitz-Eldor J ; Shapiro SS ; Waknitz MA ; Swiergiel JJ ; Marshall VS ; Jones JM. Embryonic stem cell lines derived from human blastocysts. *Science*, 282 :1145–7, 1998.

[44] Reubinoff BE ; Pera MF ; Fong CY ; Trounson A ; Bongso A. Embryonic stem cell lines from human blastocysts : somatic differentiation in vitro. *Nat Biotechnol.*, 18 :399–404, 2000.

[45] Pera MF ; Reubinoff B ; Trounson A. Human embryonic stem cells. *J Cell Sci.*, 113 :5–10, 2000.

[46] Gerald D. Fischbach ; Ruth L. Fischbach. Stem cells : science, policy, and ethics. *J Clin Invest.*, 114 :1364–70, 2004.

[47] Laslett AL ; Filipczyk AA ; Pera MF. Characterization and culture of human embryonic stem cells. *Trends Cardiovasc Med.*, 13 :295–301, 2003.

[48] Martin MJ ; Muotri A ; Gage F ; Varki A. Human embryonic stem cells express an immunogenic nonhuman sialic acid. *Nat Med.*, 11 :228–32, 2005.

[49] Xu RH ; Peck RM ; Li DS ; Feng X ; Ludwig T ; Thomson JA. Basic FGF and suppression of BMP signaling sustain undifferentiated proliferation of human ES cells. *Nat Methods.*, 2 :185–90, 2005.

[50] Xu C ; Jiang J ; Sottile V ; McWhir J ; Lebkowski J ; Carpenter MK. Immortalized fibroblast-like cells derived from human embryonic stem cells support undifferentiated cell growth. *Stem Cells*, 22 :972–80, 2004.

[51] Stojkovic P ; Lako M ; Przyborski S ; Stewart R ; Armstrong L ; Evans J ; Zhang X ; Stojkovic M. Human-serum matrix supports undifferentiated growth of human embryonic stem cells. *Stem Cells*, 23 :895–902, 2005.

[52] Polak JM ; Bishop AE. Stem cells and tissue engineering : past, present, and future. *Ann N Y Acad Sci.*, 1068 :352–66, 2006.

[53] Gudjonsson T ; Magnusson MK. Stem cell biology and the cellular pathways of carcinogenesis. *APMIS*, 113 :922–9, 2005.

[54] Knoepfler P. Journal club. A cell biologist looks at the risk and promise of a new insight into stem cells and cancer. *Nature*, 457 :361, 2009.

[55] Knoepfler PS. Deconstructing stem cell tumorigenicity : a roadmap to safe regenerative medicine. *Stem Cells*, 27 :1050–6, 2009.

[56] Schwartz SD ; Hubschman JP ; Heilwell G ; Franco-Cardenas V ; Pan CK ; Ostrick RM ; Mickunas E ; Gay R ; Klimanskaya I ; Lanza R. Embryonic stem cell trials for macular degeneration : a preliminary report. *Lancet*, 379 :713–20, 2012.

[57] Liew CG ; Moore H ; Ruban L ; Shah N ; Cosgrove K ; Dunne M ; Andrews P. Human embryonic stem cells : possibilities for human cell transplantation. *Ann Med.*, 37 :521–32, 2005.

[58] Nussbaum J ; Minami E ; Laflamme MA ; Virag JA ; Ware CB ; Masino A ; Muskheli V ; Pabon L ; Reinecke H ; Murry CE. Transplantation of undifferentiated murine embryonic stem cells in the heart : teratoma formation and immune response. *FASEB J.*, 21 :1345–57, 2007.

[59] Campagnoli C ; Roberts IA ; Kumar S ; Bennett PR ; Bellantuono I ; Fisk NM. Identification of mesenchymal stem/progenitor cells in human first-trimester fetal blood, liver, and bone marrow. *Blood*, 98 :2396–402, 2001.

[60] Prokhorova TA ; Harkness LM ; Frandsen U ; Ditzel N ; Schrøder HD ; Burns JS ; Kassem M. Teratoma formation by human embryonic stem cells is site dependent and enhanced by the presence of Matrigel. *Stem Cells Dev.*, 18 :47–54, 2009.

[61] Götherström C ; Ringdén O ; Tammik C ; Zetterberg E ; Westgren M ; Le Blanc K. Immunologic properties of human fetal mesenchymal stem cells. *Am J Obstet Gynecol.*, 190 :239–45, 2004.

[62] Hirt-Burri N ; de Buys Roessingh AS ; Scaletta C ; Gerber S ; Pioletti DP ; Applegate LA ; Hohlfeld J. Human muscular fetal cells : a potential cell source for muscular therapies. *Pediatr Surg Int.*, 24 :37–47, 2008.

[63] Montjovent MO ; Bocelli-Tyndall C ; Scaletta C ; Scherberich A ; Mark S ; Martin I ; Applegate LA ; Pioletti DP. In vitro characterization of immune-related properties of human fetal bone cells for potential tissue engineering applications. *Tissue Eng Part A.*, 15 :1523–32, 2009.

[64] Bachoud-Lévi AC ; Gaura V ; Brugières P ; Lefaucheur JP ; Boissé MF ; Maison P ; Baudic S ; Ribeiro MJ ; Bourdet C ; Remy P ; Cesaro P ; Hantraye P ; Peschanski M. Effect of fetal neural transplants in patients with huntington's disease 6 years after surgery : a long-term follow-up study. *Lancet Neurol.*, 5 :303–9, 2006.

[65] Weber A; Touboul T; Mainot S; Branger J; Mahieu-Caputo D. Human foetal hepatocytes : isolation, characterization, and transplantation. *Methods Mol Biol.*, 640 :41–55, 2010.

[66] Fasouliotis MD; Schenker JG. Human umbilical cord blood banking and transplantation : a state of the art. *Eur J Obstet Gynecol Reprod Biol.*, 90 :13–25, 2000.

[67]

[68] Rocha V; Garnier F; Ionescu I; Gluckman E; Eurocord, European Blood, and Marrow Transplant Group. Hematopoietic stem-cell transplantation using umbilical-cord blood cells. *Rev Invest Clin.*, 57 :314–23, 2005.

[69] Presnell SC; Petersen B; Heidaran M. Stem cells in adult tissues. *Semin Cell Dev Biol.*, 13 :369–76, 2002.

[70] Caplan AI. Adult mesenchymal stem cells for tissue engineering versus regenerative medicine. *J Cell Physiol.*, 213 :341–7, 2007.

[71] Raff M. Adult stem cell plasticity : fact or artifact. *Annu Rev Cell Dev Biol.*, 19 :1–22, 2003.

[72] Hawley RG; Sobieski DA. Stem cell molecular blueprint : life, the universe, and everything. *Stem Cells*, 21 :1–4, 2003.

[73] Bifari F; Pacelli L; Krampera M. Immunological properties of embryonic and adult stem cells. *World J Stem Cells*, 2 :50–60, 2010.

[74] Lopez Ponte A; Marais E; Gallay N Langonné A; Delorme B; Hérault O; Charbord P; Domenech J. The in vitro migration capacity of human bone marrow mesenchymal stem cells : comparison of chemokine and growth factor chemotactic activities. *Stem Cells*, 25 :1737–45, 2007.

[75] Shi Y; Su J; Roberts AI; Shou P; Rabson AB; Ren G. How mesenchymal stem cells interact with tissue immune responses. *Trends Immunol.*, 33 :136–43, 2012.

[76] Rubio D; Garcia-Castro J; Martín MC; de la Fuente R; Cigudosa JC; Lloyd AC; Bernad A. Spontaneous human adult stem cell transformation. *Cancer Res.*, 65 :3035–9, 2005.

[77] Rubio D; Garcia S; Paz MF; De la Cueva T; Lopez-Fernandez LA; Lloyd AC; Garcia-Castro J; Bernad A. Molecular characterization of spontaneous mesenchymal stem cell transformation. *PLoS One*, 3 :1398, 2008.

[78] Serakinci N; Guldberg P; Burns JS; Abdallah B; Schrødder H; Jensen T; Kassem M. Adult human mesenchymal stem cell as a target for neoplastic transformation. *Oncogene*, 23 :5095–8, 2004.

[79] Burns JS; Abdallah BM; Guldberg P; Rygaard J; Schröder HD; Kassem M. Tumorigenic heterogeneity in cancer stem cells evolved from long-term

cultures of telomerase-immortalized human mesenchymal stem cells. *Cancer Res.*, 65 :3126–35, 2005.

[80] Ra JC ; Shin IS ; Kim SH ; Kang SK ; Kang BC ; Lee HY ; Kim YJ ; Jo JY ; Yoon EJ ; Choi HJ ; Kwon E. Safety of intravenous infusion of human adipose tissue-derived mesenchymal stem cells in animals and humans. *Stem Cells Dev.*, 20 :1297–308, 2011.

[81] Preynat-Seauve O ; Krause KH. Stem cell sources for regenerative medicine : the immunological point of view. *Semin Immunopathol.*, 33 :519–24, 2011.

[82] Zhao T ; Zhang ZN ; Rong Z ; Xu Y. Immunogenicity of induced pluripotent stem cells. *Nature*, 474 :212–5, 2011.

[83] Ra JC ; Shin IS ; Kim SH ; Kang SK ; Kang BC ; Lee HY ; Kim YJ ; Jo JY ; Yoon EJ ; Choi HJ ; Kwon E. Safety of intravenous infusion of human adipose tissue-derived mesenchymal stem cells in animals and humans. *Stem Cells Dev.*, 20 :1297–308, 2011.

[84] Wagers AJ ; Christensen JL ; Weissman IL. Cell fate determination from stem cells. *Gene Ther.*, 9 :606–12, 2002.

[85] Wagers AJ ; Weissman IL. Plasticity of adult stem cells. *Cell*, 116 :639–48, 2004.

[86] D Takahashi K ; Yamanaka S. Induction of pluripotent stem cells from mouse embryonic and adult fibroblast cultures by defined factors. *Cell*, 126 :663–76, 2006.

[87] Bonassar LJ ; Vacanti CA. Tissue engineering : the first decade and beyond. *J Cell Biochem Suppl.*, 30-31 :297–303, 1998.

[88] Schultz O ; Sittinger M ; Haeupl T ; Burmester GR. Emerging strategies of bone and joint repair. *Arthritis Res.*, 2 :433–6, 2000.

[89] Friedenstein AJ. Precursor cells of mechanocytes. *Int Rev Cytol.*, 47 :327–59, 1976.

[90] Pittenger MF ; Mackay AM ; Beck SC ; Jaiswal RK ; Douglas R ; Mosca JD ; Moorman MA ; Simonetti DW ; Craig S ; Marshak DR. Multilineage potential of adult human mesenchymal stem cells. *Science*, 284 :143–7, 1999.

[91] Colter DC ; Sekiya I ; Prockop DJ. Identification of a subpopulation of rapidly self-renewing and multipotential adult stem cells in colonies of human marrow stromal cells. *Proc Natl Acad Sci U S A.*, 98 :7841–5, 2001.

[92] Caplan AI. Mesenchymal stem cells. *J Orthop Res.*, 9 :641–50, 1991.

[93] Gronthos S ; Graves SE ; Ohta S ; Simmons PJ. The STRO−1+ fraction of adult human bone marrow contains the osteogenic precursors. *Blood*, 84 :4164–73, 1994.

[94] Vinatier C; Bordenave L; Guicheux J; Amédée J. Stem cells for osteoarticular and vascular tissue engineering. *Med Sci (Paris)*, 27 :289–96, 2011.

[95] Oswald J; Boxberger S; Jørgensen B; Feldmann S; Ehninger G; Bornhäuser M; Werner C. Mesenchymal stem cells can be differentiated into endothelial cells in vitro. *Stem Cells*, 22 :377–84, 2004.

[96] Xu W; Zhang X; Qian H; Zhu W; Sun X; Hu J; Zhou H; Chen Y. Mesenchymal stem cells from adult human bone marrow differentiate into a cardiomyocyte phenotype in vitro. *Exp Biol Med (Maywood).*, 229 :623–31, 2004.

[97] Mackay AM; Beck SC; Murphy JM; Barry FP; Chichester CO; Pittenger MF. Chondrogenic differentiation of cultured human mesenchymal stem cells from marrow. *Tissue Eng.*, 4 :415–28, 1998.

[98] Jaiswal N; Haynesworth SE; Caplan AI; Bruder SP. Osteogenic differentiation of purified, culture-expanded human mesenchymal stem cells in vitro. *J Cell Biochem.*, 64 :295–312, 1997.

[99] Shang Q; Wang Z; Liu W; Shi Y; Cui L; Cao Y. Tissue-engineered bone repair of sheep cranial defects with autologous bone marrow stromal cells. *J Craniofac Surg.*, 12 :586–93; discussion 594–5, 2001.

[100] Horwitz EM; Prockop DJ; Fitzpatrick LA; Koo WW; Gordon PL; Neel M; Sussman M; Orchard P; Marx JC; Pyeritz RE; Brenner MK. Transplantability and therapeutic effects of bone marrow-derived mesenchymal cells in children with osteogenesis imperfecta. *Nat Med.*, 5 :309–13, 1999.

[101] Tsutsumi S; Shimazu A; Miyazaki K; Pan H; Koike C; Yoshida E; Takagishi K; Kato Y. Retention of multilineage differentiation potential of mesenchymal cells during proliferation in response to FGF. *Biochem Biophys Res Commun.*, 288 :413–9, 2001.

[102] Chatterjea A; Meijer G; van Blitterswijk C; de Boer J. Clinical application of human mesenchymal stromal cells for bone tissue engineering. *Stem Cells Int.*, 2010, 2010.

[103] Gimble J; Guilak F. Adipose-derived adult stem cells : isolation,characterization, and differentiation potential. *Cytotherapy*, 5 :362–9, 2003.

[104] Gimble JM; Guilak F. Differentiation potential of adipose derived adult stem (ADAS) cells. *Curr Top Dev Biol.*, 58 :137–60, 2003.

[105] Rastegar F; Shenaq D; Huang J; Zhang W; Zhang BQ; He BC; Chen L; Zuo GW; Luo Q; Shi Q; Wagner ER; Huang E; Gao Y; Gao JL; Kim SH; Zhou JZ; Bi Y; Su Y; Zhu G; Luo J; Luo X; Qin J; Reid RR; Luu HH; Haydon RC; Deng ZL; He TC. Mesenchymal stem cells : Molecular characteristics and clinical applications. *World J Stem Cells*, 2 :67–80, 2010.

[106] Locke M ; Windsor J ; Dunbar PR. Human adipose-derived stem cells : isolation, characterization and applications in surgery. *ANZ J Surg.*, 79 :235–44, 2009.

[107] Zuk PA ; Zhu M ; Ashjian P ; De Ugarte DA ; Huang JI ; Mizuno H ; Alfonso ZC ; Fraser JK ; Benhaim P ; Hedrick MH. Human adipose tissue is a source of multipotent stem cells. *Mol Biol Cell*, 13 :4279–95, 2002.

[108] Noël D ; Caton D ; Roche S ; Bony C ; Lehmann S ; Casteilla L ; Jorgensen C ; Cousin B. Cell specific differences between human adipose-derived and mesenchymal-stromal cells despite similar differentiation potentials. *Exp Cell Res.*, 314 :1575–84, 2008.

[109] Gimble JM ; Katz AJ ; Bunnell BA. Adipose-derived stem cells for regenerative medicine. *Circ Res.*, 100 :1249–60, 2007.

[110] Wickham MQ ; Erickson GR ; Gimble JM ; Vail TP ; Guilak F. Multipotent stromal cells derived from the infrapatellar fat pad of the knee. *Clin Orthop Relat Res.*, 412 :196–212, 2003.

[111] Gimble JM. Adipose tissue-derived therapeutics. *Expert Opin Biol Ther.*, 3 :705–13, 2003.

[112] Barry FP. Mesenchymal stem cell therapy in joint disease. *Novartis Found Symp.*, 249 :86–96 ; discussion 96–102, 170–4, 239–41, 2003.

[113] Seong JM ; Kim BC ; Park JH ; Kwon IK ; Mantalaris A ; Hwang YS. Stem cells in bone tissue engineering. *Biomed Mater.*, 5 :062001, 2010.

[114] Arvidson K ; Abdallah BM ; Applegate LA ; Baldini N ; Cenni E ; Gomez-Barrena E ; Granchi D ; Kassem M ; Konttinen YT ; Mustafa K ; Pioletti DP ; Sillat T ; Finne-Wistrand A. Bone regeneration and stem cells. *J Cell Mol Med.*, 15 :718–46, 2011.

[115] Herreros MD ; Garcia-Arranz M ; Guadalajara H ; De-La-Quintana P ; Garcia-Olmo D ; and the FATT Collaborative Group. Autologous expanded adipose-derived stem cells for the treatment of complex cryptoglandular perianal fistulas : A phase III randomized clinical trial (FATT 1 : Fistula advanced therapy trial 1) and long-term evaluation. *Dis Colon Rectum*, 55 :762–72, 2012.

[116] Garcia-Olmo D ; Garcia-Arranz M ; Herreros D. Expanded adipose-derived stem cells for the treatment of complex perianal fistula including Crohn's disease. *Expert Opin Biol Ther.*, 8 :1417–23, 2008.

[117] Lindroos B ; Suuronen R ; Miettinen S. The potential of adipose stem cells in regenerative medicine. *Stem Cell Rev.*, 7 :269–91, 2011.

[118] Halloran JP ; Erdemir A ; van den Bogert AJ. Adaptive surrogate modeling for efficient coupling of musculoskeletal control and tissue deformation models. *J Biomech Eng.*, 131 :011014, 2009.

[119] Hibi H; Yamada Y; Ueda M; Endo Y. Alveolar cleft osteoplasty using tissue-engineered osteogenic material. *Int J Oral Maxillofac Surg.*, 35 :551–5, 2006.

[120] Bottaro DP; Liebmann-Vinson A; Heidaran MA. Molecular signaling in bioengineered tissue microenvironments. *Ann N Y Acad Sci.*, 961 :143–53, 2002.

[121] Kleinman HK; Philp D; Hoffman MP. Role of the extracellular matrix in morphogenesis. *Curr Opin Biotechnol.*, 14 :526–32, 2003.

[122] Moreau JE; Chen J; Horan RL; Kaplan DL; Altman GH. Sequential growth factor application in bone marrow stromal cell ligament engineering. *Tissue Eng.*, 11 :1887–97, 2005.

[123] Heinis M; Simon MT; Ilc K; Mazure NM; Pouysségur J; Scharfmann R; Duvillié B. Oxygen tension regulates pancreatic beta-cell differentiation through hypoxia-inducible factor 1alpha. *Diabetes*, 59 :662–9, 2010.

[124] Stroka DM; Burkhardt T; Desbaillets I; Wenger RH; Neil DA; Bauer C; Gassmann M; Candinas D. HIF-1 is expressed in normoxic tissue and displays an organ-specific regulation under systemic hypoxia. *FASEB J.*, 15 :2445–53, 2001.

[125] Radisic M; Park H; Chen F; Salazar-Lazzaro JE; Wang Y; Dennis R; Langer R; Freed LE; Vunjak-Novakovic G. Biomimetic approach to cardiac tissue engineering : oxygen carriers and channeled scaffolds. *Tissue Eng.*, 12 :2077–91, 2006.

[126] Fermor B; Urban J; Murray D; Pocock A; Lim E; Francis M; Gage J. Proliferation and collagen synthesis of human anterior cruciate ligament cells in vitro : effects of ascorbate-2-phosphate, dexamethasone and oxygen tension. *Cell Biol Int.*, 22 :635–40, 1998.

[127] Balguid A; Mol A; van Vlimmeren MA; Baaijens FP; Bouten CV. Hypoxia induces near-native mechanical properties in engineered heart valve tissue. *Circulation*, 119 :290–7, 2009.

[128] Tabata Y. Tissue regeneration based on growth factor release. *Tissue Eng.*, 9 Suppl 1 :S5–15, 2003.

[129] Freed LE; Vunjak-Novakovic G. Spaceflight bioreactor studies of cells and tissues. *Adv Space Biol Med.*, 8 :177–95, 2002.

[130] Hori Y; Nakamura T; Matsumoto K; Kurokawa Y; Satomi S; Shimizu Y. Tissue engineering of the small intestine by acellular collagen sponge scaffold grafting. *Int J Artif Organs*, 24 :50–4, 2001.

[131] Levy NS; Chung S; Furneaux H; Levy AP. Hypoxic stabilization of vascular endothelial growth factor mRNA by the RNA-binding protein HuR. *J Biol Chem.*, 273 :6417–23, 1998.

[132] Kasahara H; Tanaka E; Fukuyama N; Sato E; Sakamoto H; Tabata Y; Ando K; Iseki H; Shinozaki Y; Kimura K; Kuwabara E; Koide S; Nakazawa H; Mori H. Biodegradable gelatin hydrogel potentiates the angiogenic effect of fibroblast growth factor 4 plasmid in rabbit hindlimb ischemia. *J Am Coll Cardiol*, 41 :1056–62, 2003.

[133] Taniyama Y; Morishita R; Hiraoka K; Aoki M; Nakagami H; Yamasaki K; Matsumoto K; Nakamura T; Kaneda Y; Ogihara T. Therapeutic angiogenesis induced by human hepatocyte growth factor gene in rat diabetic hind limb ischemia model : molecular mechanisms of delayed angiogenesis in diabetes. *Circulation*, 104 :2344–50, 2001.

[134] Marui T; Niyibizi C; Georgescu HI; Cao M; Kavalkovich KW; Levine RE; Woo SL. Effect of growth factors on matrix synthesis by ligament fibroblasts. *J Orthop Res.*, 15 :18–23, 1997.

[135] Lo TS; Chay SH; Cao T; Lim J; Teoh SH. Osteogenic role of vascular endothelial growth factor in bone regeneration. *Ann Acad Med Singapore*, 32 :S50–1, 2003.

[136] S. Catros; F. Guillemot; J. Amédée; J.C. Fricain. Bone tissue engineering in oral and maxillofacial surgery : clinical applications. *Med Buccale Chir Buccale*, 16 :227–37, 2010.

[137] Saito M; Marumo K. Musculoskeletal rehabilitation and bone. mechanical stress and bone quality : do mechanical stimuli alter collagen cross-link formation in bone? "Yes". *Clin Calcium*, 20 :520–8, 2010.

[138] Phillippi JA; Miller E; Weiss L; Huard J; Waggoner A; Campbell P. Microenvironments engineered by inkjet bioprinting spatially direct adult stem cells toward muscle-and bone-like subpopulations. *Stem Cells*, 26 :127–34, 2008.

[139] Sun Y; Chen CS; Fu J. Forcing stem cells to behave : a biophysical perspective of the cellular microenvironment. *Annu Rev Biophys.*, 41 :519–42, 2012.

[140] Wang JH; Grood ES; Florer J; Wenstrup R. Alignment and proliferation of MC3T3-E1 osteoblasts in microgrooved silicone substrata subjected to cyclic stretching. *J Biomech.*, 33 :729–35, 2000.

[141] Kim YS; Kown SY; Park YG; Chung KR. Clinical application of the tongue elevator. *J Clin Orthod.*, 36 :104–6, 2002.

[142] Mammoto A; Mammoto T; Ingber DE. Mechanosensitive mechanisms in transcriptional regulation. *J Cell Sci.*, 2012.

[143] Wang JHC; Yang G; Li Z; Shen W. Fibroblast responses to cyclic mechanical stretching depend on cell orientation to the stretching direction. *Journal of Biomechanics*, 37 :573–576, 2004.

[144] Wang IW; Anderson JM; Jacobs MR; Marchant RE. Adhesion of Staphylococcus epidermidis to biomedical polymers : contributions of surface thermodynamics and hemodynamic shear conditions. *J Biomed Mater Res.*, 29 :485–93, 1995.

[145] Neidlinger-Wilke C; Grood ES; Wang JC; Brand RA; Claes L. Cell alignment is induced by cyclic changes in cell length : studies of cells grown in cyclically stretched substrates. *Journal of Orthopaedic Research*, 19 :286–293, 2001.

[146] Korossis SA; Wilcox HE; Watterson KG; Kearney JN; Ingham E; Fisher J. In-vitro assessment of the functional performance of the decellularized intact porcine aortic root. *J Heart Valve Dis.*, 14 :408–21, 2005.

[147] Shakesheff KM; Rose FR. Tissue engineering in the development of replacement technologies. *Adv Exp Med Biol.*, 745 :47–57, 2012.

[148] Badylak SF; Weiss DJ; Caplan A; Macchiarini P. Engineered whole organs and complex tissues. *Lancet*, 379 :943–52, 2012.

[149] Altman GH; Lu HH; Horan RL; Calabro T; Ryder D; Kaplan DL; Stark P; Martin I; Richmond JC; Vunjak-Novakovic G. Advanced bioreactor with controlled application of multi-dimensional strain for tissue engineering. *J Biomech Eng.*, 124 :742–9, 2002.

[150] Altman GH; Horan RL; Martin I; Farhadi J; Stark PR; Volloch V; Richmond JC; Vunjak-Novakovic G; Kaplan DL. Cell differentiation by mechanical stress. *FASEB J.*, 16 :270–2, 2002.

[151] Démarteau O; Jakob M; Schäfer D; Heberer M; Martin I. Development and validation of a bioreactor for physical stimulation of engineered cartilage. *Biorheology*, 40 :331–6, 2003.

[152] Butler DL; Goldstein SA; Guilak F. Functional tissue engineering : the role of biomechanics. *J Biomech Eng.*, 122 :570–5, 2000.

[153] Zhang S. Fabrication of novel biomaterials through molecular self-assembly. *Nat Biotechnol.*, 21 :1171–8, 2003.

[154] Wehrle-Haller B. Assembly and disassembly of cell matrix adhesions. *Curr Opin Cell Biol.*, 2012.

[155] Vodyanik MA; Bork JA; Thomson JA; Slukvin II. Human embryonic stem cell-derived cd34+ cells : efficient production in the coculture with op9 stromal cells and analysis of lymphohematopoietic potential. *Blood*, 105 :617–26, 2005.

[156] Jing D; Fonseca AV; Alakel N; Fierro FA; Muller K; Bornhauser M; Ehninger G; Corbeil D; Ordemann R. Hematopoietic stem cells in co-culture with mesenchymal stromal cells–modeling the niche compartments in vitro. *Haematologica*, 95 :542–50, 2010.

[157] Kang Y ; Kim S ; Bishop J ; Khademhosseini A ; Yang Y. The osteogenic differentiation of human bone marrow MSCs on HUVEC-derived ECM and β-TCP scaffold. *Biomaterials*, 2012.

[158] Nelson CM ; Tien J. Microstructured extracellular matrices in tissue engineering and development. *Curr Opin Biotechnol.*, 17 :518–23, 2006.

[159] Flory PJ. Principles of polymer chemistry. *Cornell University Press*, 1953.

[160] Li K ; Guidice GJ ; Tamai K ; Do HC ; Sawamura D ; Diaz LA ; Uitto J. Cloning of partial cDNA for mouse 180-kDa bullous pemphigoid antigen (BPAG2), a highly conserved collagenous protein of the cutaneous basement membrane zone. *J Invest Dermatol*, 99 :258–63, 1992.

[161] Angelova N ; Hunkeler D. Rationalizing the design of polymeric biomaterials. *Trends Biotechnol.*, 17 :409–21, 1999.

[162] Kajiwara K ; Ross-Murphy SB. Synthetic gels on the move. *Nature*, 355 :208, 1992.

[163] Langer R. Tissue engineering. *Mol Ther.*, 1 :12–5, 2000.

[164] Langer R. Biomaterials in drug delivery and tissue engineering : one laboratory's experience. *Acc Chem Res.*, 33 :94–101, 2000.

[165] Langer R ; Peppas NA. Advances in biomaterials, drug delivery, and bionanotechnology. *AIChE Journal*, 49 :2990–3006, 2003.

[166] Wichterle O ; Lim D. Hydrophilic gels in biologic use. *Nature*, 185 :117, 1960.

[167] Ratner BD ; Hoffman AS. Synthetic hydrogels for biomedical applications. *Hydrogels for Medical and Related Applications*, 31 :1–36, 1976.

[168] Harris JM ; Zalipsky S. Polyethylene glycol chemistry and biological applications. *American Chemical Society, Washington DC*, pages 155–69, 1997.

[169] Lim F ; Sun AM. Microencapsulated islets as bioartificial endocrine pancreas. *Science*, 210 :908–10, 1980.

[170] Yannas IV ; Lee E ; Orgill DP ; Skrabut EM ; Murphy GF. Synthesis and characterization of a model extracellular matrix that induces partial regeneration of adult mammalian skin. *Proc Natl Acad Sci U S A.*, 86 :933–7, 1989.

[171] Gin H ; Dupuy B ; Baquey A ; Baquey C ; Ducassou D. Lack of responsiveness to glucose of microencapsulated islets of langerhans after three weeks' implantation in the rat-influence of the complement. *Journal of Microencapsulation*, 7 :341–46, 1990.

[172] Sefton MV ; May MH ; Lahooti S ; Babensee JE. Making microencapsulation work : conformal coating, immobilization gels and in vivo performance. *J Controlled Release*, 65 :173–86, 2000.

[173] Woerly S. Porous hydrogels for neural tissue engineering. *Journal Materials Science Forum*, 250 :53–68, 1997.

[174] Ohya O; Ikeda H; Tomaru U; Yamashita I; Kasai T; Morita K; Wakisaka A; Yoshiki T. Human T-lymphocyte virus type I (HTLV-I)-induced myelo-neuropathy in rats : oligodendrocytes undergo apoptosis in the presence of HTLV-I. *APMIS*, 108 :459–66, 2000.

[175] Hoffman AS. Hydrogels for biomedical applications. *Adv. Drug Deliv. Rev.*, 54 :3–12, 2002.

[176] Phadke A; Zhang C; Arman B; Hsu CC; Mashelkar RA; Lele AK; Tauber MJ; Arya G; Varghese S. Rapid self-healing hydrogels. *Proc Natl Acad Sci U S A.*, 109 :4383–8, 2012.

[177] Gupta P; Vermani K; Garg S. Hydrogels : from controlled release to pH-responsive drug delivery. *Drug Discov Today*, 7 :569–79, 2002.

[178] Lee KY; Mooney DJ. Hydrogels for tissue engineering. *Chem Rev.*, 101 :1869–79, 2001.

[179] Malafaya PB; Silva GA; Reis RL. Natural-origin polymers as carriers and scaffolds for biomolecules and cell delivery in tissue engineering applications. *Adv Drug Deliv Rev.*, 59 :207–33, 2007.

[180] Gehrke et Lee. Specialized drug delivery systems : manufacturing and production technology. 1990.

[181] Farris S; Schaich KM; Liu LS; Piergiovanni L; Yam KL. Development of polyion-complex hydrogels as an alternative approach for the production of bio-based polymers for food packaging applications : a review. *Trends in Food Science & Technology*, 20 :316–32, 2009.

[182] Hennink WE; van Nostrum CF. Novel crosslinking methods to design hydro-gels. *Adv Drug Deliv Rev.*, 54 :13–36, 2002.

[183] Durand D; Bertrand C; Clark AH; Lips A. Calcium-induced gelation of low methoxy pectin solutions-thermodynamic and rheological considerations. *Int J Biol Macromol.*, 12 :14–8, 1990.

[184] Scranton AB; Rangarajan; Klier BJ. Biomedical applications of polyelectro-lytes. *Adv. Polym. Sci.*, 120 :1–54, 1995.

[185] Decker C; Moussa K. Photopolymerization of multifunctional monomers in condensed phase. *Journal of Applied Polymer Science*, 34 :1603–18, 1987.

[186] Zhang L; Zhang W; Zhang Z; Yu L; Zhang H; Qi Y; Chen D. Radiation effects on crystalline polymers-I. gamma-radiation-induced crosslinking and structural characterization of polyethylene oxide. *International Journal of Radiation Applications and Instrumentation. Part C. Radiation Physics and Chemistry*, 40 :501–5, 1992.

[187] Kopecek J; Vacík J; Lím D. Permeability of membranes containing ionogenic groups. *Journal of Polymer Science Part A-1 : Polymer Chemistry*, 9 :2801–15, 1971.

[188] Kofinas P ; Athanassiou V ; Merrill EW. Hydrogels prepared by electron irradiation of poly(ethylene oxide) in water solution : unexpected dependence of cross-link density and protein diffusion coefficients on initial peo molecular weight. *Biomaterials*, 17 :1547–50, 1996.

[189] Krsko P ; Saaem I ; Libera M. Electron-beam patterning of biological molecules. *Stevens Institute of Technology, Chemical, Biomedical and Materials Engineering*, 2005.

[190] Mehvar R. Dextrans for targeted and sustained delivery of therapeutic and imaging agents. *J Control Release*, 69 :1–25, 2000.

[191] Dai WS ; Barbari TA. Hydrogel membranes with mesh size asymmetry based on the gradient crosslinking of poly(vinyl alcohol). *Journal of Membrane Science*, 156 :67–79, 1999.

[192] Peppas NA ; Benner RE. Proposed method of intracordal injection and gelation of poly (vinyl alcohol) solution in vocal cords : polymer considerations. *Biomaterials*, 1 :158–62, 1980.

[193] Zhao X ; Harris JM. Novel degradable poly (ethylene glycol) hydrogels for controlled release of protein. *J Pharm Sci*, 87 :1450–8, 1998.

[194] Harris JM ; Chess RB. Effect of pegylation on pharmaceuticals. *Nat Rev Drug Discov.*, 2 :214–21, 2003.

[195] Nicolson P ; Vogt J. Soft contact lens polymers : an evolution. *Biomaterials*, 22 :3273–83, 2001.

[196] Mosahebi A ; Simon M ; Wiberg M ; Terenghi G. A novel use of alginate hydrogel as Schwann cell matrix. *Tissue Eng.*, 7 :525–34, 2001.

[197] Schlegel PN ; Kuzma P ; Frick J ; Farkas A ; Gomahr A ; Spitz I ; Chertin B ; Mack D ; Jungwirth A ; King P ; Nash H ; Bardin CW ; Moo-Young A. Effective long-term androgen suppression in men with prostate cancer using a hydrogel implant with the gnrh agonist histrelin. *Urology*, 58 :578–82, 2001.

[198] Gayet C ; He P ; Fortier G. Bioartificial polymeric material : Poly(ethylene glycol) crosslinked with albumin. II : Mechanical and thermal properties. *Journal of Bioactive and Compatible Polymers*, 13 :179–97, 1998.

[199] Gayet JC ; Fortier G. Drug release from new bioartificial hydrogel. *Artif Cells Blood Substit Immobil Biotechnol*, 23 :605–11, 1995.

[200] Kizilel S ; Pérez-Luna VH ; Teymour F. Modeling of PEG hydrogel membranes for biomedical applications. *Macromolecular Reaction Engineering*, 3 :271–87, 2009.

[201] Peppas NA ; Huang Y ; Torres-Lugo M ; Ward JH ; Zhang J. Physicochemical foundations and structural design of hydrogels in medicine and biology. *Annu Rev Biomed Eng.*, 2 :9–29, 2000.

[202] Peppas NA; Bures P; Leobandung W; Ichikawa H. Hydrogels in pharmaceutical formulations. *Eur J Pharm Biopharm.*, 50 :27–46, 2000.

[203] Campoccia D; Doherty P; Radice M; Brun P; Abatangelo G; Williams DF. Semisynthetic resorbable materials from hyaluronan esterification. *Biomaterials*, 19 :2101–27, 1998.

[204] Prestwich GD; Marecak DM; Marecek JF; Vercruysse KP; Ziebell MR. Controlled chemical modification of hyaluronic acid : synthesis, applications, and biodegradation of hydrazide derivatives. *J Control Release*, 53 :93–103, 1998.

[205] Ganjia F; Abdekhodaiea MJ. Synthesis and characterization of a new thermosensitive chitosan-PEG diblock copolymer. *Carbohydrate Polymers*, 74 :435–41, 2007.

[206] Lin SY; Tsai YT; Chen CC; Lin CM; Chen CH. Two-step functionalization of neutral and positively charged thiols onto citrate-stabilized Au nanoparticles. *J. Phys. Chem. B*, 108 :2134–39, 2004.

[207] Lin Z; Su X; Wan Y; Zhang H; Mu Y; Yang B; Jin Q. Labeled avidin bound to water soluble nanocrystals by electrostatic interactions. *Russian Chem. Bull. Int. Ed*, 53 :2690–94, 2004.

[208] Stenekes RJ; Talsma H; Hennink WE. Formation of dextran hydrogels by crystallization. *Biomaterials*, 22 :1891–8, 2001.

[209] Hennink WE; van Nostrum CF. Novel crosslinking methods to design hydrogels. *Adv Drug Deliv Rev.*, 54 :13–36, 2002.

[210] Cappello J; Crissman JW; Crissman M; Ferrari FA; Textor G; Wallis O; Whitledge JR; Zhou X; Burman D; Aukerman L; Stedronsky ER. In-situ self-assembling protein polymer gel systems for administration, delivery, and release of drugs. *J Control Release*, 53 :105–17, 1998.

[211] Nho YC; Park SE; Kim HI; Hwang TS. Oral delivery of insulin using pH-sensitive hydrogels based on polyvinyl alcohol grafted with acrylic acid/methacrylic acid by radiation. *Nuclear Instruments and Methods in Physics Research B*, 236 :283–288, 2005.

[212] Jarry C; Leroux JC; Haeck J; Chaput C. Irradiating or autoclaving chitosan/polyol solutions : Effect on thermogelling chitosan-beta-glycerophosphate systems. *Chemical and Pharmaceutical Bulletin*, 50 :1335–40, 2002.

[213] Schuetz YB; Gurny R; Jordan O. A novel thermoresponsive hydrogel based on chitosan. *European Journal of Pharmaceutics and Biopharmaceutics*, 68 :19–25, 2008.

[214] Suzuki M. Amphoteric polyvinyl alcohol hydrogel and electrohydrodynamic control method for artificial muscles. *D. DeRossi (Ed.), Polymer gels, Plenum Press, New York*, pages 221–36, 1991.

[215] Park TG ; Hoffman AS. Immobilization of Arthrobacter simplex in a thermally reversible hydrogel : effect of temperature cycling on steroid conversion. *Biotechnol Bioeng*, 35 :152–9, 1990.

[216] Park TG ; Hoffman AS. Thermal cycling effects on the bioreactor performances of immobilized beta-galactosidase in temperature-sensitive hydrogel beads. *Enzyme Microb Technol.*, 15 :476–82, 1993.

[217] Kopecek J ; Yang J. Smart self-assembled hybrid hydrogel biomaterials. *Angew Chem Int Ed Engl.*, 51 :7396–417, 2012.

[218] Nguyen MK ; Lee DS. Injectable biodegradable hydrogels. *Macromol Biosci.*, 10 :563–79, 2010.

[219] Qiu Y ; Park K. Environment-sensitive hydrogels for drug delivery. *Adv Drug Deliv Rev.*, 53 :321–39, 2001.

[220] Jeong B ; Kim SW ; Bae YH. Thermosensitive sol-gel reversible hydrogels. *Adv Drug Deliv Rev.*, 54 :37–51, 2002.

[221] Guenet JM. Thermoreversible gelation of polymers and biopolymers. *Academic Press London*, 1992.

[222] Finch CA. Chemistry and technology of water-soluble polymers. *Plenum Press, New York*, page 118, 1983.

[223] Moghimi SM ; Hunter AC. Poloxamers and poloxamines in nanoparticle engineering and experimental medicine. *Trends Biotechnol*, 18 :412–20, 2000.

[224] Gou M ; Li X ; Dai M ; Gong C ; Wang X ; Xie Y ; Deng H ; Chen L ; Zhao X ; Qian Z ; Wei Y. A novel injectable local hydrophobic drug delivery system : Biodegradable nanoparticles in thermo-sensitive hydrogel. *Int J Pharm.*, 359 :228–33, 2008.

[225] Li Z ; Guan J. Thermosensitive hydrogels for drug delivery. *Expert Opin Drug Deliv.*, 8 :991–1007, 2011.

[226] Van Vlierberghe S ; Dubruel P ; Schacht E. Biopolymer-based hydrogels as scaffolds for tissue engineering applications : a review. *Biomacromolecules*, 12 :1387–408, 2011.

[227] Garg T ; Singh O ; Arora S ; Murthy R. Scaffold : a novel carrier for cell and drug delivery. *Crit Rev Ther Drug Carrier Syst.*, 29 :1–63, 2012.

[228] Miyata T ; Uragami T ; Nakamae K. Biomolecule-sensitive hydrogels. *Adv Drug Deliv Rev.*, 54 :79–98, 2002.

[229] Guyton AC ; Hall JE. Secretory functions of the alimentary tract. *Textbook of Medical Physiology*, pages 815–32, 1998.

[230] Ghandehari H ; Kopecková P ; Kopecek J. In vitro degradation of pH-sensitive hydrogels containing aromatic azo bonds. *Biomaterials*, 18 :861–72, 1997.

[231] Akala EO ; Kopecková P ; Kopecek J. Novel pH-sensitive hydrogels with adjustable swelling kinetics. *Biomaterials*, 19 :1037–47, 1998.

[232] Slaughter BV ; Khurshid SS ; Fisher OZ ; Khademhosseini A ; Peppas NA. Hydrogels in regenerative medicine. *Adv Mater*, 21 :3307, 2009.

[233] Peppas NA ; Huang Y ; Torres-Lugo M ; Ward JH ; Zhang J. Physicochemical foundations and structural design of hydrogels in medicine and biology. *Annu Rev Biomed Eng.*, 2 :9–29, 2000.

[234] Peppas NA ; Bures P ; Leobandung W ; Ichikawa H. Hydrogels in pharmaceutical formulations. *Eur J Pharm Biopharm.*, 50 :27–46, 2000.

[235] Peppas NA. Time-and position-dependent drug delivery in controlled-release systems. *J Pharm Sci.*, 76 :267, 1987.

[236] Hassan CM ; Stewart JE ; Peppas NA. Diffusional characteristics of freeze/thawed poly(vinyl alcohol) hydrogels : applications to protein controlled release from multilaminate devices. *Eur J Pharm Biopharm.*, 49 :161–5, 2000.

[237] Hassan CM ; Stewart JE ; Peppas NA. Diffusional characteristics of freeze/thawed poly(vinyl alcohol) hydrogels : applications to protein controlled release from multilaminate devices. *Eur J Pharm Biopharm.*, 49 :161–5, 2000.

[238] Brannon-Peppas L ; Peppas NA. Dynamic and equilibrium swelling behaviour of pH-sensitive hydrogels containing 2-hydroxyethyl methacrylate. *Biomaterials*, 11 :635–44, 1990.

[239] Lowman GM ; Tokuhisa H ; Lutkenhaus JL ; Hammond PT. Novel solid-state polymer electrolyte consisting of a porous layer-by-layer polyelectrolyte thin film and oligoethylene glycol. *Langmuir*, 20 :9791–5, 2004.

[240] Flory PJ ; Rehner JJ. Statistical theory of chain configuration and physical properties of high polymers. *Annals of the New York Academy of Sciences*, 44 :419–29, 1943.

[241] Anseth KS ; Bowman CN ; Brannon-Peppas L. Mechanical properties of hydrogels and their experimental determination. *Biomaterials*, 17 :1647–57, 1996.

[242] Nagasawa N ; Yagi T ; Kume T ; Yoshii F. Radiation crosslinking of carboxymethyl starch. *Carbohydrate Polymers*, 58 :109–13, 2004.

[243] Liu P ; Peng J ; Li J ; Wu J. Radiation crosslinking of CMC-Na at low dose and its application as substitute for hydrogel. *Radiation Physics and Chemistry*, 72 :635–38, 2005.

[244] Valles E ; Durando D ; Katime I ; Mendizabal E ; Puig JE. Equilibrium swelling and mechanical properties of hydrogels of acrylamide and itaconic acid or its esters. *Polymer Bulletin*, 44 :109–14, 2000.

[245] Liu P; Zhai M; Li J; Peng J; Wu; J. Radiation preparation and swelling behavior of sodium carboxymethyl cellulose hydrogels. *Radiation Physics and Chemistry*, 63 :525–28, 2002.

[246] Katayama T; Nakauma M; Todoriki S; Phillips GO; Tada M. Radiation-induced polymerization of gum arabic (Acacia sengal) in aqueous solution. *Food Hydrocolloids*, 20 :983–89, 2006.

[247] Mori S; Barth HG. Size exclusion chromatography. *Springer, Berlin*, 1999.

[248] Al-Assaf S; Phillips GO; Aoki H; Sasaki Y. Characterization and properties of acacia senegal (l.) willd. var. senegal with enhanced properties (Acacia (sen) SUPER GUM(TM)) : Part 1-controlled maturation of Acacia senegal var. senegal to increase viscoelasticity, produce a hydrogel form and convert a poor into a good emulsifier. *Food Hydrocolloids*, 21 :319–28, 2007.

[249] Barth HG; Mays JW; (EDS). Modern methods of polymer characterization. *New York : Wiley*, 1991.

[250] Edwin NJ. Characterization of polymer particles via dynamic light scattering and diffusion ordered spectroscopy techniques. 2001.

[251] Al-Assaf S; Phillips GO; Williams PA; Plessis TA. Application of ionizing radiations to produce new polysaccharides and proteins with enhanced functionality. *Nuclear Instruments and Methods in Physics Research B*, 265 :37–43, 2007.

[252] Torres R; Usall J; Teixido N; Abadias M; Vinas I. Liquid formulation of the biocontrol agent Candida sake by modifying water activity or adding protectants. *Journal of Applied Microbiology*, 94 :330–39, 2003.

[253] Mansur HS; Orefice RL; Mansur AAP. Characterization of poly(vinyl alcohol)/poly(ethylene glycol) hydrogels and PVA-derived hybrids by small-angle X-ray scattering and FTIR spectroscopy. *Polymer*, 45 :7193–202, 2004.

[254] Aikawa K; Matsumoto K; Uda H; Tanaka S; Shimamura H; Aramaki Y; Tsuchiya S. Hydrogel formation of the pH response polymer polyvinylacetal diethylaminoacetate (AEA) international. *Journal of Pharmaceutics*, 167 :97–104, 1998.

[255] Aouada FA; de Moura MR; Fernandes PRG; Rubira AF; Muniz EC. Optical and morphological characterization of polyacrylamide hydrogel and liquid crystal systems. *European Polymer Journal*, 41 :2134–41, 2005.

[256] El Fray M; Pilaszkiewicz A; Swieszkowski W; Kurzydlowski KJ. Morphology assessment of chemically modified cryostructured poly(vinyl alcohol) hydrogel. *European Polymer Journal*, 43 :2035–40, 2007.

[257] Pourjavadi A; Kurdtabar M. Collagen-based highly porous hydrogel without any porogen : Synthesis and characterization. *European Polymer Journal*, 43 :877–89, 2007.

[258] Muscariello L ; Rosso F ; Marino G ; Giordano A ; Barbarisi M ; Cafiero G ; Barbarisi A. A critical overview of ESEM applications in the biological field. *J Cell Physiol.*, 205 :328–34, 2005.

[259] Sukhorukov GB ; Szleifer I ; Tsukruk VV ; Urban M ; Winnik F ; Zauscher S ; Luzinov I ; Minko S Cohen Stuart MA ; Huck WTS ; Genzer J ; Müller M ; Ober C ; Stamm M. Emerging applications of stimuli-responsive polymer materials. *Nature Materials*, 9 :101–13, 2010.

[260] Lazareva TG ; Vashuk EV. Features of rheological and electrophysical properties of compositions based on polyvinyl alcohol and carboxymethylcellulose. *Mechanics of Composite Materials*, 31 :524–32, 1995.

[261] Vashishth M Singh B. Development of novel hydrogels by modification of sterculia gum through radiation cross-linking polymerization for use in drug delivery. *Nuclear Instruments and Methods in Physics Research B*, 266 :2009–20, 2008.

[262] Mansur HS ; Orefice RL ; Mansur AAP. Characterization of poly(vinyl alcohol)/poly(ethylene glycol) hydrogels and PVA-derived hybrids by small-angle X-ray scattering and FTIR spectroscopy. *Polymer*, 45 :7193–202, 2004.

[263] Rosiak JM. Gel/sol analysis ofirradiated polymers. *Radiation Physics and Chemistry*, 51 :13–17, 1998.

[264] Jani I ; Kasprzak E ; Al-Zier A ; Rosiak JM. Radiation crosslinking and scission parameters for poly(vinyl methyl ether) in aqueous solution. *Nuclear Instruments and Methods in Physics Research Section B-Beam Interactions with Materials and Atoms*, 208 :374–79, 2008.

[265] Hilborn J. In vivo injectable gels for tissue repair. *Wiley Interdiscip Rev Nanomed Nanobiotechnol.*, 2011.

[266] Ferry JD. Viscoelastic properties of polymers. *John Wiley and Sons, Inc. New York*, pages 11–8, 1970.

[267] Ferry JD. Viscoelastic properties of polymer solutions. *J Res Natl Bur Stand*, 41 :53–62, 1948.

[268] Ambrosio L ; De Santis R ; Iannace S ; Netti PA ; Nicolais L. Viscoelastic behavior of composite ligament prostheses. *J Biomed Mater Res.*, 42 :6–12, 1998.

[269] Qin S ; Tang X ; Zhu L ; Wei Y ; Du X ; Zhu DM. Viscoelastic signature of physisorbed macromolecules at the solid-liquid interface. *J Colloid Interface Sci.*, 383 :208–14, 2012.

[270] Borzacchiello A ; Ambrosio L. Network formation of low molecular weight hyaluronic acid derivatives. *J Biomater Sci Polym Ed.*, 12 :307–16, 2001.

[271] Maltese A ; Borzacchiello A ; Mayol L ; Bucolo C ; Maugeri F ; Nicolais L ; Ambrosio L. Novel polysaccharides-based viscoelastic formulations for ophthalmic surgery : rheological characterization. *Biomaterials*, 27 :5134–42, 2006.

[272] Ross-Murphy SB. Incipient behaviour of gelatin gels. *Rheologica Acta*, 30 :401–11, 1991.

[273] Ross-Murphy SB ; Shatwell KP. Polysaccharide strong and weak gels. *Biorheology*, 30 :217–25, 1993.

[274] Clark AH ; Ross-Murphy SB. Structural and mechanical properties of biopolymer gels. *Advances in polymer science. New York : Springer-Verlag*, pages 57–192, 1987.

[275] Barbucci R ; Rappuoli R ; Borzacchiello A ; Ambrosio L. Synthesis, chemical and rheological characterization of new hyaluronic acid-based hydrogels. *J Biomater Sci Polym Ed.*, 11 :383–99, 2000.

[276] D'Errico G ; De Lellis M ; Mangiapia G ; Tedeschi A ; Ortona O ; Fusco S ; Borzacchiello A ; Ambrosio L. Structural and mechanical properties of UV-photo-cross-linked poly(N-vinyl-2-pyrrolidone) hydrogels. *Biomacromolecules*, 9 :231–40, 2008.

[277] Xuejun X ; Netti PA ; Ambrosio L ; Nicolais L ; Sannino A. Preparation and characterization of a hydrogel from low-molecular weight hyaluronic acid. *Journal of Bioactive and Compatible Polymers*, 19 :5–15, 2004.

[278] Battista S ; Guarnieri D ; Borselli C ; Zeppetelli S ; Borzacchiello A ; Mayol L ; Gerbasio D ; Keene DR ; Ambrosio L ; Netti PA. The effect of matrix composition of 3D constructs on embryonic stem cell differentiation. *Biomaterials*, 26 :6194–207, 2005.

[279] Guarnieri D ; Battista S ; Borzacchiello A ; Mayol L ; De Rosa E ; Keene DR ; Muscariello L ; Barbarisi A ; Netti PA. Effects of fibronectin and laminin on structural, mechanical and transport properties of 3D collageneous network. *J Mater Sci Mater Med.*, 18 :245–53, 2007.

[280] Sahiner N ; Singh M ; De Kee D ; John VT ; McPherson GL. Rheological characterization of a charged cationic hydrogel network across the gelation boundary. *Polymer*, 47 :1124–31, 2006.

[281] Kempe S ; Metz H ; Bastrop M ; Hvilsom A ; Contri RV ; Mader K. Characterization of thermosensitive chitosan-based hydrogels by rheology and electron paramagnetic resonance spectroscopy. *European Journal of Pharmaceutics and Biopharmaceutics*, 68 :26–33, 2008.

[282] Al-Assaf S ; Phillips GO ; Williams PA. Controlling the molecular structure of food hydrocolloids. *Food Hydrocolloids*, 20 :369–77, 2006.

[283] Nassif N ; Bouvet O ; Rager MN ; Roux C ; Coradin T ; Livage J. Living bacteria in silica gels. *Nature Mater*, 1 :42–4, 2002.

[284] Avnir D; Coradin T; Lev O; Livage J. Recent bio-applications of sol-gel materials. *J. Mater. Chem.*, 16 :1013–30, 2006.

[285] Einhorn TA. The cell and molecular biology of fracture healing. *Clin Orthop Relat Res*, 355 :7–21, 1998.

[286] Dimitriou R; Tsiridis E; Giannoudis PV. Current concepts of molecular aspects of bone healing. *Injury*, 36 :1392–404, 2005.

[287] Shapiro F. Bone development and its relation to fracture repair. The role of mesenchymal osteoblasts and surface osteoblasts. *Eur Cell Mater*, 15 :53–76, 2008.

[288] Mackie EJ; Ahmed YA; Tatarczuch L; Chen KS; Mirams M. Endochondral ossification : how cartilage is converted into bone in the developing skeleton. *Int J Biochem Cell Biol*, 40 :46–62, 2008.

[289] Perren SM. Physical and biological aspects of fracture healing with special reference to internal fixation. *Clin Orthop Relat Res*, 138 :175–96, 1979.

[290] Shapiro F. Cortical bone repair. The relationship of the lacunar-canalicular system and intercellular gap junctions to the repair process. *J Bone Joint Surg Am*, 70 :1067–81, 1988.

[291] Funck-Brentano T; Cohen-Solal M. Bone aging : new actors of bone cell communication. *Médecine & Longévité*, 2 :200–4, 2010.

[292] Everts V; Delaissé JM; Korper W; Jansen DC; Tigchelaar-Gutter W; Saftig P; Beertsen W. The bone lining cell : its role in cleaning howship's lacunae and initiating bone formation. *J Bone Miner Res*, 17 :77–90, 2002.

[293] Hazenberg JG; Hentunen TA; Heino TJ; Kurata K; Lee TC; Taylor D. Microdamage detection and repair in bone : fracture mechanics, histology, cell biology. *Technol Health Care*, 17 :67–75, 2009.

[294] Heino TJ; Kurata K; Higaki H; VSSnSnen HK. Evidence for the role of osteocytes in the initiation of targeted remodeling. *Technol Health Care*, 17 :49–56, 2009.

[295] Brånemark PI; Hansson BO; Adell R; Breine U; Lindström J; Hallén O; Ohman A. Osseointegrated implants in the treatment of the edentulous jaw. Experience from a 10-year period. *Scand J Plast Reconstr Surg Suppl*, 16 :1–132, 1977.

[296] Zhang Y; Wang F; Tan H; Chen G; Guo L; Yang L. Analysis of the mineral composition of the human calcified cartilage zone. *Int J Med Sci*, 9 :353–60, 2012.

[297] Philipp S. Lienemanna; b; Matthias P. Lutolfb; Martin Ehrba. Biomimetic hydrogels for controlled biomolecule delivery to augment bone regeneration. *Advanced Drug Delivery Reviews*, In press, 2012.

[298] Mann BK. Biologic gels in tissue engineering. *Clin Plast Surg.*, 30 :601–9, 2003.

[299] Ahn HH ; Kim KS ; Lee JH ; Lee JY ; Kim BS ; Lee IW ; Chun HJ ; Kim JH ; Lee HB ; Kim MS. In vivo osteogenic differentiation of human adipose-derived stem cells in an injectable in situ-forming gel scaffold. *Tissue Eng Part A*, 15 :1821–32, 2009.

[300] Kim HK ; Shim WS ; Kim SE ; Lee KH ; Kang E ; Kim JH ; Kim K ; Kwon IC ; Lee DC. Injectable in situ-forming pH/thermo-sensitive hydrogel for bone tissue engineering. *Tissue Eng Part A*, 15 :923–33, 2009.

[301] Le Roux MA ; Guilak F ; Setton LA. Compressive and shear properties of alginate gel : effect of sodium ions and alginate concentration. *J. Biomed. Mater. Res.*, 47 :46–53, 1999.

[302] Fedorovich NE ; Oudshoorn MH ; Van Geemen D ; Hennink WE ; Alblas J ; Dhert WJ. The effect of photopolymerization on stem cells embedded in hydrogels. *Biomaterials*, 30 :344–53, 2009.

[303] Kong HJ ; Smith MK ; Mooney DJ. Designing alginate hydrogels to maintain viability of immobilized cells. *Biomaterials*, 24 :4023–9, 2003.

[304] Burdick JA ; Anseth KS. Photoencapsulation of osteoblasts in injectable RGD-modified PEG hydrogels for bone tissue engineering. *Biomaterials*, 23 :4315–23, 2002.

[305] Tang Y ; Du Y ; Li Y ; Wang X ; Hu X. A thermosensitive chitosan/ poly(vinyl alcohol) hydrogel containing hydroxyapatite for protein delivery. *J Biomed Mater Res A*, 91 :953–63, 2009.

[306] Weinand C ; Pomerantseva I ; Neville CM ; Gupta R ; Weinberg E ; Madisch I. Hydrogel-beta-TCP scaffolds and stem cells for tissue engineering bone. *Bone*, 38 :555–63, 2006.

[307] Wang C ; Gong Y ; Zhong Y ; Yao Y ; Su K ; Wang DA. The control of anchorage-dependent cell behavior within a hydrogel/microcarrier system in an osteogenic model. *Biomaterials*, 30 :2259–69, 2009.

[308] Rowley JA ; Madlambayan G ; Mooney DJ. Alginate hydrogels as synthetic extracellular matrix materials. *Biomaterials*, 20 :45–53, 1999.

[309] Gutowska A ; Jeong B ; Jasionowski M. Injectable gels for tissue engineering. *Anat Rec.*, 263 :342–9, 2001.

[310] Lutolf MP ; Lauer-Fields JL ; Schmoekel HG ; Metters AT ; Weber FE ; Fields GB ; Hubbell JA. Synthetic matrix metalloproteinase-sensitive hydrogels for the conduction of tissue regeneration : engineering cell-invasion characteristics. *Proc Natl Acad Sci U S A*, 100 :5413–8, 2003.

[311] Lutolf MP; Weber FE; Schmoekel HG; Schense JC; Kohler T; Müller R; Hubbell JA. Repair of bone defects using synthetic mimetics of collagenous extracellular matrices. *Nat Biotechnol.*, 21 :513–8, 2003.

[312] Patterson J; Siew R; Herring SW; Lin AS; Guldberg R; Stayton PS. Hyaluronic acid hydrogels with controlled degradation properties for oriented bone regeneration. *Biomaterials*, 31 :6772–81, 2010.

[313] Seliktar D. Designing cell-compatible hydrogels for biomedical applications. *Science*, 336 :1124–8, 2012.

[314] Ratner BD; Bryant SJ. Biomaterials : Where we have been and where we are going. *Annual Review of Biomedical Engineering*, 6 :41–75, 2004.

[315] Bryant SJ; Anseth KS. Controlling the spatial distribution of ECM components in degradable PEG hydrogels for tissue engineering cartilage. *J. Biomed. Mater. Res, Part A*, 64 :70–9, 2003.

[316] Park Y; Lutolf MP; Hubbell JA; Hunziker EB; Wong M. Bovine primary chondrocyte culture in synthetic matrix metalloproteinase-sensitive poly(ethylene glycol)-based hydrogels as a scaffold for cartilage repair. *Tissue Eng.*, 10 :515–22, 2004.

[317] Zisch AH; Lutolf MP; Ehrbar M; Raeber GP; Rizzi SC; Davies N; Schmökel H; Bezuidenhout D; Djonov V; Zilla P; Hubbell JA. Cell-demanded release of VEGF from synthetic, biointeractive cell ingrowth matrices for vascularized tissue growth. *FASEB J*, 17 :2260–2, 2003.

[318] Seliktar D; Zisch AH; Lutolf MP; Wrana JL; Hubbell JA. MMP-2 sensitive ; VEGF-bearing bioactive hydrogels for promotion of vascular healing. *J Biomed Mater Res A*, 68 :704–16, 2004.

[319] Saito A; Suzuki Y; Ogata S; Ohtsuki C; Tanihara M. Prolonged ectopic calcification induced by BMP-2-derived synthetic peptide. *J Biomed Mater Res A*, 70 :115–21, 2004.

[320] Park JB. The use of hydrogels in bone-tissue engineering. *Med Oral Patol Oral Cir Bucal*, 16 :115–8, 2011.

[321] Kodama N; Nagata M; Tabata Y; Ozeki M; Ninomiya T; Takagi R. A local bone anabolic effect of rhFGF2-impregnated gelatin hydrogel by promoting cell proliferation and coordinating osteoblastic differentiation. *Bone*, 44 :699–707, 2009.

[322] Hoffman AS. Hydrogels for biomedical applications. *Ann N Y Acad Sci*, 944 :62–73, 2001.

[323] Burdick JA; Mason MN; Hinman AD; Thorne K; Anseth KS. Delivery of osteoinductive growth factors from degradable PEG hydrogels influences osteoblast differentiation and mineralization. *J Control Release*, 83 :53–63, 2002.

[324] Martino MM; Mochizuki M; Rothenfluh DA; Rempel SA; Hubbell JA; Barker TH. Controlling integrin specificity and stem cell differentiation in 2D and 3D environments through regulation of fibronectin domain stability. *Biomaterials*, 30 :1089–97, 2009.

[325] Lutolf MP; Gilbert PM; Blau HM. Designing materials to direct stem-cell fate. *Nature*, 462 :433–41, 2009.

[326] Benoit DS; Nuttelman CR; Collins SD; Anseth KS. Synthesis and characterization of a fluvastatin-releasing hydrogel delivery system to modulate hMSC differentiation and function for bone regeneration. *Biomaterials*, 27 :6102–10, 2006.

[327] Hou T; Xu J; Li Q; Feng J; Zen L. In vitro evaluation of a fibrin gel antibiotic delivery system containing mesenchymal stem cells and vancomycin alginate beads for treating bone infections and facilitating bone formation. *Tissue Eng Part A*, 14 :1173–82, 2008.

[328] Catelas I; Sese N; Wu BM; Dunn JC; Helgerson S; Tawil B. Human mesenchymal stem cell proliferation and osteogenic differentiation in fibrin gels in vitro. *Tissue Eng*, 12 :2385–96, 2006.

[329] Elgendy HM; Norman ME; Keaton AR; Laurencin CT. Osteoblast-like cell (MC3T3-E1) proliferation on bioerodible polymers : an approach towards the development of a bone-bioerodible polymer composite material. *Biomaterials*, 14 :263–9, 1993.

[330] Devin JE; Attawia MA; Laurencin CT. Three-dimensional degradable porous polymer-ceramic matrices for use in bone repair. *J Biomater Sci Polym*, 7 :661–9, 1996.

[331] Laurencin CT; Attawia MA; Elgendy HE; Herbert KM. Tissue engineered bone-regeneration using degradable polymers : the formation of mineralized matrices. *Bone*, 19 :93–9, 1996.

[332] Mooney DJ; Organ G; Vacanti JP; Langer R. Design and fabrication of biodegradable polymer devices to engineer tubular tissues. *Cell Transplant*, 3 :203–10, 1994.

[333] Borden M; Attawia M; Laurencin CT. The sintered microsphere matrix for bone tissue engineering : in vitro osteoconductivity studies. *J Biomed Mater Res*, 61 :421–9, 2002.

[334] Vozzi G; Flaim C; Ahluwalia A; Bhatia S. Biomaterials. *Fabrication of PLGA scaffolds using soft lithography and microsyringe deposition*, 24 :2533–40, 2003.

[335] Laurencin CT; Attawia MA; Lu LQ; Borden MD; Lu HH; Gorum WJ; Lieberman JR. Poly(lactide-co-glycolide)/hydroxyapatite delivery of BMP-2-producing cells : a regional gene therapy approach to bone regeneration. *Biomaterials*, 22 :1271–7, 2001.

[336] Karp JM ; Sarraf F ; Shoichet MS ; Davies JE. Fibrin-filled scaffolds for bone-tissue engineering : An in vivo study. *J Biomed Mater Res A*, 71 :162–71, 2004.

[337] Ciapetti G ; Ambrosio L ; Savarino L ; Granchi D ; Cenni E ; Baldini N ; Pagani S ; Guizzardi S ; Causa F ; Giunti A. Osteoblast growth and function in po-rous poly epsilon -caprolactone matrices for bone repair : a preliminary study. *Biomaterials*, 24 :3815–24, 2003.

[338] Anseth KS ; Sastri VR ; Langer R. Photopolymerizable degradable polyanhy-drides with osteocompatibility. *Nat Biotech*, 17 :156–9, 1999.

[339] Staubli A ; Mathiowitz E ; Langer R. Sequence distribution and its effect on glass transition temperatures of poly(anhydrideco-amines) containing asym-metric monomers. *Macromolecules*, 24 :2291–98, 1991.

[340] Staubli A ; Mathiowitz E ; Lucarelli M ; Langer R. Characterization of hydro-lytically degradable amino acid containing poly(anhydride-co-imides). *Macro-molecules*, 24 :2283–90, 1991.

[341] Uhrich KE ; Botchwey E ; Fan M ; Langer R ; Laurencin CT Attawia MA. Cytotoxicity testing of poly(anhydride-co-imides) for orthopedic applications. *J Biomed Mater Res*, 29 :1233–40, 1995.

[342] Hern DL ; Hubbell JA. Incorporation of adhesion peptides into nonadhesive hydrogels useful for tissue resurfacing. *J Biomed Mater Res*, 39 :266–76, 1998.

[343] Sawhney AS ; Pathak CP ; Hubbell JA. Modification of islet of langerhans surfaces with immunoprotective poly(ethylene glycol) coatings via interfacial photopolymerization. *Biotechnol Bioeng*, 44 :383–6, 1994.

[344] Poshusta AK ; Burdick JA ; Mortisen DJ ; Padera RF ; Ruehlman D ; Yaszem-ski MJ ; Anseth KS. Histocompatibility of photocrosslinked polyanhydrides : a novel in situ forming orthopaedic biomaterial. *J Biomed Mater Res A*, 64 :62–9, 2003.

[345] Kokubo T ; Kim HM ; Kawashita M. Novel bioactive materials with different mechanical properties. *Biomaterials*, 24 :2161–75, 2003.

[346] Gkioni K ; Leeuwenburgh SC ; Douglas TE ; Mikos AG ; Jansen JA. Minerali-zation of hydrogels for bone regeneration. *Tissue Eng Part B Rev*, 16 :577–85, 2010.

[347] Ambrosio L ; De Santis R ; Nicolais L. Composite hydrogels for implants. *Proc Inst Mech Eng H*, 212 :93–9, 1998.

[348] Fu S ; Ni P ; Wang B ; Chu B ; Zheng L ; Luo F ; Luo J ; Qian Z. Injectable and thermo-sensitive PEG-PCL-PEG copolymer/collagen/n-HA hydrogel compo-site for guided bone regeneration. *Biomaterials*, 33 :4801–9, 2012.

[349] Kumar PT ; Srinivasan S ; Lakshmanan VK ; Tamura H ; Nair SV ; Jayakumar R. Synthesis, characterization and cytocompatibility studies of a-chitin hydrogel/nano hydroxyapatite composite scaffolds. *Int J Biol Macromol*, 49 :20–31, 2011.

[350] Quarto R ; Mastrogiacomo M ; Cancedda R ; Kutepov SM ; Mukhachev V ; Lavroukov A ; Kon E ; Marcacci M. Repair of large bone defects with the use of autologous bone marrow stromal cells. *N Engl J Med*, 344 :385–6, 2001.

[351] Lee KY ; Alsberg E ; Mooney DJ. Degradable and injectable poly(aldehyde guluronate) hydrogels for bone tissue engineering. *J Biomed Mater Res*, 56 :228–33, 2001.

[352] Kikuchi T ; Kubota S ; Asaumi K ; Kawaki H ; Nishida T ; Kawata K ; Mitani S ; Tabata Y ; Ozaki T ; Takigawa M. Promotion of bone regeneration by CCN2 incorporated into gelatin hydrogel. *Tissue Eng Part A*, 14 :1089–98, 2008.

[353] Patel ZS ; Young S ; Tabata Y ; Jansen JA ; Wong ME ; Mikos AG. Dual delivery of an angiogenic and an osteogenic growth factor for bone regeneration in a critical size defect model. *Bone*, 43 :931–40, 2008.

[354] Godeau G ; Bernard J ; Staedel C ; Barthelemy P. Glycosyl-nucleoside-lipid based supramolecular assembly as a nanostructured material with nucleic acid delivery capabilities. *Chem Commun (Camb)*, pages 5127–9, 2009.

[355] Wilson A ; Butler PE ; Seifalian AM. Adipose-derived stem cells for clinical applications : a review. *Cell Prolif*, 44 :86–98, 2011.

[356] Frith JE ; Thomson B ; Genever PG. Dynamic three-dimensional culture methods enhance mesenchymal stem cell properties and increase therapeutic potential. *Tissue Eng Part C Methods*, 16 :735–49, 2010.

[357] Vinatier C ; Guicheux J ; Daculsi G ; Layrolle P ; Weiss P. Cartilage and bone tissue engineering using hydrogels. *Biomed Mater Eng*, 16 :107–13, 2006.

[358] Nilsson B ; Korsgren O ; Lambris JD ; Ekdahl KN. Can cells and biomaterials in therapeutic medicine be shielded from innate immune recognition ? *Trends Immunol*, 31 :32–8, 2010.

[359] Prowse ABJ ; Chong F ; Gray PP ; Munro TP. Stem cell integrins : implications for ex-vivo culture and cellular therapies. *Stem Cell Res*, 6 :1–12, 2011.

[360] Boos AM ; Loew JS ; Deschler G ; Arkudas A ; Bleiziffer O ; Gulle H ; Dragu A ; Kneser U ; Horch RE ; Beier JP. Directly auto-transplanted mesenchymal stem cells induce bone formation in a ceramic bone substitute in an ectopic sheep model. *J Cell Mol Med.*, 15 :1364–78, 2011.

[361] Le Nihouannen D ; Daculsi G ; Saffarzadeh A ; Gauthier O ; Delplace S ; Pilet P ; Layrolle P. Ectopic bone formation by microporous calcium phosphate ceramic particles in sheep muscles. *Bone*, 36 :1086–93, 2005.